Michael Arming / Michael Wiesberg

Gigantische Visionen II

Die vergebliche Hoffnung auf die „Wunderwaffen"

ARES VERLAG

Umschlaggestaltung: DSR – Digitalstudio Rypka, 8143 Dobl/Graz, www.rypka.at
Umschlagabb. Vorderseite: Hintergrund: Modell einer Arado AR E.555, WikiMedia Commons / M. Muller (CC0 1.0); Bildreihe vorn v. l. n. r.: Nachbau des Z3-Computers im Konrad-Zuse-Museum Hünfeld, WikiMedia Commons / Dksen (CC0 1.0); V2-Rakete auf der Abschussrampe in Peenemünde, WikiMedia Commons / Bundesarchiv (CC BY-SA 3.0 de); Kommandogerät und schwere Flak auf dem Flakturm am Berliner Zoo, im Hintergrund Leitturm mit Radargerät „Würzburg-Riese“, WikiMedia Commons / Bundesarchiv (CC BY-SA 3.0 de); Eingang zum „Atomkeller“-Museum in Stadtilm, WikiMedia Commons / Giorno2 (CC BY-SA 4.0)

Bibliografische Information der Deutschen Nationalbibliothek
Die Deutsche Nationalbibliothek verzeichnet diese Publikation in der Deutschen Nationalbibliografie; detaillierte bibliografische Daten sind im Internet unter https://www.dnb.de abrufbar.

Hinweis
Dieses Buch wurde auf chlorfrei gebleichtem Papier gedruckt. Die zum Schutz vor Verschmutzung verwendete Einschweißfolie ist aus Polyethylen chlor- und schwefelfrei hergestellt. Diese umweltfreundliche Folie verhält sich grundwasserneutral, ist voll recyclingfähig und verbrennt in Müllverbrennungsanlagen völlig ungiftig.

Auf Wunsch senden wir Ihnen gerne kostenlos unser Verlagsverzeichnis zu:

Ares Verlag GmbH
Hofgasse 5 / Postfach 438
A-8011 Graz
Tel.: +43 (0)316/82 16 36
Fax: +43 (0)316/83 56 12
E-Mail: ares-verlag@ares-verlag.com
www.ares-verlag.com

ISBN 978-3-99081-094-1

Layout: Ecotext-Verlag Mag. G. Schneeweiß-Arnoldstein, Wien

Inhalt

Kapitel I
Die gigantische Vision kriegsentscheidender „Wunderwaffen“ ... 9

Kapitel II
Die gescheiterte Vision einer deutschen Atombombe ... 19
Hahn und Straßmann gelingt die Kernspaltung ... 24
Phase 1: Das Heereswaffenamt übernimmt die Federführung ... 32
Phase 2: Während die USA alle Ressourcen mobilisieren, treten die Deutschen auf die Bremse ... 43
Die mögliche Entwicklung einer nuklearen Hohlladung ... 55
Operation „Epsilon“, Farm Hall und die Mär von den moralischen Skrupeln ... 59
Das „Manhattan Project“: „Potenzialgewinn“ als Folge der Vertreibung jüdischstämmiger Wissenschaftler von deutschen Universitäten ... 62
Die Sonderrolle der Forschungsstelle der Deutschen Reichspost ... 69
Zeitachse ... 71

Kapitel III
Die Magie der bewegten Bilder: Wie das Fernsehen zur „Geheimwaffe“ wurde ... 77
Das Fernsehen bei den Olympischen Spielen 1936 in Berlin ... 88
Der deutsche Fernsehsender Paris während des Zweiten Weltkrieges ... 90
Die Fernsehstuben im Dritten Reich ... 94
Zweiter Weltkrieg: Die militärische Nutzung des Fernsehens ... 101
Exkurs: Die Entwicklung „intelligenter Waffen“ ... 106

Kapitel IV
Ersatzstoffherstellung 109
Die Buna-Werke 109
Die Herstellung von künstlichem Kautschuk 112
Die Herstellung von Polyvinylchlorid 116
Die Verwendung von Kunststoffen in der deutschen Kriegsindustrie 118
Die Textilfaserherstellung 120
Die Erzeugung von synthetischem Benzin 122
Das Verfahren der Kohleverflüssigung 123
Der Zusammenbruch der deutschen Treibstoffversorgung ab Mitte 1944 127
Die Untertageverlagerung kommt zu spät 134

Kapitel V
Der Hochfrequenzkrieg: Der Vorsprung, der verloren ging 139
Die deutschen Radargeräte vom Typ „Freya" 144
Das mobile Funkmessgerät „Würzburg" 149
Radargeräte in Flugzeugen: Das „Lichtenstein"-Gerät 152
Die deutschen Radargeräte der Reihe „Wassermann" 156
Das Rundumsicht-Radargerät „Jagdschloß" 159
Das Funkmessgerät „Marbach" 162
„Seetakt": Das Radar der Kriegsmarine 166
Bilanz des Hochfrequenzkrieges: Aufholjagd von deutscher Seite kam zu spät 171

Kapitel VI
Die „Wunderwaffe" unter den Schlüsselmaschinen kam zu spät 179
Das fahrlässige Vertrauen in die „Enigma" 179
Schlüsselgerät 41: Eine echte „Wunderwaffe", die zu spät kam 195
Spekulationen um das Schlüsselgerät 39 und den Hell-Geheimschreiber 201

Kapitel VII
Konrad Zuses erster Computer:
Eine bahnbrechende Erfindung bleibt ungenutzt 203

Kapitel VIII
Eine gigantische Vision, die keine Kriegswende gebracht hätte: Strahlflugzeuge 217
- Göring und Udet verhindern ein effizientes Arbeiten der Luftwaffenführung 219
- Exkurs: Die Me 210 und die He 177 als Musterbeispiele einer verfehlten Entwicklungs- und Industrieführungspolitik 226
- Dem Rüstungspotenzial der USA begegnet Göring mit Realitätsverweigerung 230
- Verteidigung mit allen Mitteln: Die vergebliche Hoffnung auf eine Änderung der Luftkriegslage durch den Strahljäger Me 262 231
- Erfolg versprechende Waffen, die dem Luftkrieg eine Wende hätten geben können 236

Danksagungen 242

Literatur- und Quellenverzeichnis (in Auswahl) 243
- Literatur 243
- Aufsätze, Internetadressen, Videos 247

Kapitel I

Die gigantische Vision kriegsentscheidender „Wunderwaffen"

„Vision" ist ein Lehnwort, das auf das lateinische Wort *visio* zurückgeht. Die wörtliche Bedeutung von *visio* kann mit „Gesichtswahrnehmung" umschrieben werden, meint also das Sehen. Es geht demnach auf einer ersten Bedeutungsebene um die visuelle Wahrnehmung. Im weiteren Sinn kann *visio* aber auch als „Vorstellung" oder „Idee" übersetzt werden. Hier steht nicht mehr das Sehen der äußeren Umwelt im Mittelpunkt, sondern eine Art des nach innen gerichteten Sehens. Eine andere Bedeutungsebene hat das mittelhochdeutsche Wort „Vision", das als „Traumgesicht" übertragen werden kann.[1] Hier ist die visuelle Wahrnehmung innerer Geschehnisse gemeint. Die *Differentia specifica* dieser Bedeutungen lässt sich wie folgt auf den Punkt bringen: Vorstellungen und Ideen können vom Menschen intentional gesteuert werden, Traumgesichte hingegen sind nicht kontrollierbar.[2]

„Vision" kann demnach etwas bezeichnen, das der Realität nicht zuzuordnen ist, sondern ihr vielmehr gegenübersteht. Oftmals verweist „Vision" aber auch auf etwas, das noch nicht Wirklichkeit

1 Friedrich Kluge: Etymologisches Wörterbuch der deutschen Sprache, 22. Aufl., Berlin 1989, S. 961.

2 Regine Herbrik: Soziologische Untersuchungen zum Begriff der Vision. Magisterarbeit im Fach Soziologie, Universität Konstanz 2001, S. 16; online unter: kops.uni-konstanz.de/bitstream/handle/123456789/11509/01_Herbrik_MA_Arbeit_Text.pdf?sequence=1&isAllowed=y (letzter Zugriff: 21. Dezember 2020).

ist. Die „Vision" in diesem Sinne ist beschreibbar als geplante und angestrebte, aber noch nicht reale Tatsache.[3] Ein weiterer bedeutender Aspekt, der mit einer Vision einhergeht, ist deren Wirkungskraft. Eine Vision übt Einfluss auf das menschliche Handeln aus. Sie entfaltet eine Wirkungskraft, indem sie Einfluss auf die Gedanken- und Vorstellungswelten anderer Personen nimmt. Ihr kommt damit so etwas wie die Funktion einer Sinnstiftung zu, auch und vor allem „hinsichtlich einer ungewissen Zukunft"[4].

Dieses Buch beschäftigt sich mit den Visionen, die in der Zeit des Nationalsozialismus entwickelt wurden. Es steht im engen Zusammenhang mit dem 2006 veröffentlichten Buch „Gigantische Visionen. Architektur und Hochtechnologie im Nationalsozialismus". Hier liegt der Schwerpunkt auf zivilen und militärischen Großbauten, Verkehrsprojekten und Großwaffen für Heer, Luftwaffe und Marine in der NS-Zeit. Das Buch zeigt, wie sich nicht wenige dieser Projekte in Traumgesichten verloren, die sich von der Realität abkoppelten. Das gilt für Waffenprojekte wie zum Beispiel die „Midgard-Schlange", ein gepanzertes Ungetüm von 524 Metern Länge und 60.000 Tonnen Gewicht, das sich tief durch das Erdreich graben sollte, um so Bunkeranlagen auszuheben, oder Panzer-Visionen wie den Panzer VIII („Maus"), der mit einem Gewicht von 188 Tonnen alle bis dahin bekannten Dimensionen sprengte, sowie den P-1000 („Ratte"), der, wäre er realisiert worden, 1000 Tonnen gewogen hätte.

Die Errichtung der militärischen Großbauten, die in der letzten Phase des Krieges nicht selten unter Tage verlagert wurden, hat eine Unzahl von Menschenleben gekostet, nicht zuletzt die der eingesetzten Zwangsarbeiter, die diese Visionen unter unmenschlichen Bedingungen Realität werden lassen sollten.

Verstiegene militärische Projekte waren indes keine deutsche Spezialität. Es sei hier auf britischer Seite nur auf das Projekt „Habbakuk" verwiesen, einen Flugzeugträger aus Pykrete, einem Gemisch aus Eis und Sägespänen. Nicht anders als gigantisch wären die Ausmaße dieses Schiffs gewesen: Es sollte etwa 1200 m lang und 180 m breit sein und 12 m dicke Bordwände besitzen. Als Mas-

---

3 Ebd., S. 75.
4 Ebd., S. 97.

se wurden 2,2 Millionen Tonnen berechnet; damit wäre das Schiff genau 48-mal schwerer als die RMS „Titanic“ gewesen.[5] Geplant war, das Schiff in Kanada aus 280.000 Eisblöcken zusammenzusetzen. Erst als die Alliierten 1943 auf den Azoren Flugplätze für britische und amerikanische Seeaufklärer einrichten konnten, wurde das Projekt „Habbakuk“ eingestellt.[6]

Auch die US-Amerikaner zeigten sich, was waffentechnische Verstiegenheiten angeht, kreativ. 1942 wurde dort von einem Zahnarzt die Idee entwickelt, Brandbomben mittels Fledermäusen ins Ziel zu bringen. Der Plan war, Projektile mit Fledermäusen zu füllen und über japanischen Städten abzuwerfen. Die Bomben sollten sich im Flug öffnen, sodass die Tiere losfliegen und sich in den Häusergiebeln der Stadt niederlassen könnten. Dann sollten an ihren Körpern befestigte Brandsätze gezündet werden. Immerhin wurden zwei Millionen Dollar in dieses Projekt investiert, ehe man es 1944 zu den Akten legte.[7]

In diesem Buch wird es erneut um waffentechnische Innovationen und Visionen gehen, die mit Blick auf die zweite Hälfte des Zweiten Weltkrieges insbesondere auf deutscher Seite hektische Aktivitäten auslösten. Die Wende des Krieges 1942/43 und die steigende Überlegenheit der Kriegsgegner im Hinblick auf Menschen und Material führten auf deutscher Seite zu der Überlegung, nur durch qualitativ überlegene Waffeninnovationen das Kriegsgeschehen wenden zu können. Die Zahl der dann tatsächlich entwickelten, oft bahnbrechenden Waffensysteme, wie es zum Beispiel das Strahlflugzeug Messerschmitt Me 262, der Marschflugkörper Fieseler Fi 103 („V1“), die Fernwaffe Aggregat 4 („V2“), die Panzerkampfwagen V und VI („Panther“ und „Tiger“) oder auch die U-Boot-Klasse XXI waren, hat zu dem Narrativ geführt, die Deutschen seien ihren Gegnern technisch weit voraus gewesen. Diese Auslegung setzt quasi mit dem Feldzug gegen Polen ein – hier sei nur auf den Mythos verwiesen, die Polen hätten ge-

5 ZDF-History: Krieg der Spinner. Die größten Rüstungsflops der Geschichte; online unter youtu.be/p9tfgd5A2iY (letzter Zugriff: 10. Dezember 2020).

6 Michael Kerrigan: Geheimpläne des Zweiten Weltkriegs. Strategien und Vorhaben, die nie umgesetzt wurden, Augsburg 2012, S. 112 ff.

7 Benjamin Maack: „Waffen des Wahnsinns“, spiegel.de vom 17. August 2009; online unter: spiegel.de/geschichte/groteskes-kriegsgeraet-waffen-des-wahnsinns-a-948445.html (letzter Zugriff: 10. Dezember 2020).

glaubt, die deutschen Panzer seien aus Pappe – und endet mit der Behauptung, dass bei einer längeren Dauer des Krieges aufgrund dann einsatzbereiter deutscher „Wunderwaffen" noch eine Wende möglich gewesen wäre.

Die Gewissheit, den alliierten Wissenschaftlern überlegen zu sein, machte auf deutscher Seite auch vor international renommierten Namen wie den Physikern Werner Heisenberg und Carl Friedrich von Weizsäcker nicht halt, die der Meinung waren, dass sie mit ihrer Arbeit an der „Uranmaschine" – bzw. an einer deutschen Kernwaffe – an der Spitze der Entwicklung stünden. Dass die Alliierten den Krieg dennoch gewonnen haben, verdankten sie laut dieser Interpretation vor allem dem zu späten Einsatz der deutschen „Wunderwaffen" oder dem Unverständnis Hitlers, das deren Einsatz verhindert oder verzögert habe[8], sowie ihren überlegenen Industrie- und Rohstoffkapazitäten.

Diese Sicht blendet in der Regel aus, dass Briten und vor allem Amerikaner mit den Deutschen im Hinblick auf Spitzentechnologie in etlichen Bereichen gleichgezogen hatten und in einigen kriegsentscheidenden Fragen, wie der militärischen Nutzung der Kernspaltung, der Funkmesstechnik oder bei der Entschlüsselungstechnik – Stichwort „Ultra"[9] –, sogar an Deutschland vorbeigezogen waren.

Mit Blick auf die Funkmesstechnik – heute als Radar bezeichnet – ist zu konstatieren, dass Deutschland zu Beginn des Krieges den Engländern deutlich überlegen war. Ja, es gab mit der Heinkel He 176 sogar den Prototyp eines Flugzeuges, das von einem regelbaren Flüssigkeitsraketentriebwerk angetrieben wurde. Und auch bei der Raketenentwicklung standen die Deutschen an der Spitze der Entwicklung. Dazu kam mit Konrad Zuse ein Erfinder, der 1939 mit der Zuse Z2 eine programmierbare Rechenmaschi-

8 Hier wird gern das Beispiel angeführt, dass Hitler Ende November 1943 der Serienproduktion des Strahlflugzeuges Me 262 in seiner „Verblendung" nur unter der Voraussetzung zustimmte, das Flugzeug hauptsächlich als „Blitzbomber" einzusetzen. Diese Entscheidung sei ein gravierender strategischer Fehler gewesen, war doch die Me 262 als Abfangjäger konzipiert. Hierauf wird noch zurückzukommen sein (siehe S. 231–236).

9 „Ultra" war die Tarnbezeichnung für die nachrichtendienstlichen Informationen, die auf britischer Seite aus der Entzifferung und Auswertung des verschlüsselten geheimen deutschen Nachrichtenverkehrs gewonnen werden konnten.

Herrenabend der Lilienthal-Gesellschaft im Neuen Palais zu Potsdam am 11. Oktober 1938, v. l. n. r.: Generalmajor Ernst Udet, General der Flieger Erhard Milch und Prof. Ernst Heinkel. Bundesarchiv, Bild 183-H13535 (CC BY-SA 3.0)

ne entwickelt hatte – eine Erfindung, von der die Deutschen bis 1945 fahrlässigerweise kaum Gebrauch machten.

Der Vorsprung, den die deutsche Seite in vielen hochtechnologischen Bereichen bei Kriegsbeginn hatte, ging im Laufe des Krieges indes Stück für Stück verloren. Hinzu kamen falsche Weichenstellungen, zum Beispiel die Entscheidung, die A4/V2 in Serie zu fertigen, was sich als verhängnisvolle Fehlinvestition erweisen sollte. Der immense Aufwand, der hier betrieben wurde, stand in keiner Relation zum militärischen Nutzen, wie unter anderem der Militärhistoriker Ralf Schabel aufzeigte:

> War schon der Nutzen dieser Waffen [V1 und V2] relativ gering, so hatten ihre Kosten eine äußerst fatale Wirkung auf die deutsche Luftrüstungsindustrie. Die V1 war vom Preis her eine billige Waffe, die eine Tonne Sprengstoff ins Ziel bringen konnte und kaum knappe Rohstoffe verbrauchte. Sie war von der Kostenseite durchaus vertretbar. Erheblich ungünstiger sieht die Rechnung bei der V2 aus. Sie benötigte große Mengen Treibstoff und knappe Materialien, wie Qualitätsbleche und elektrische Geräte, die auch dringend für die Flugzeugfertigung gebraucht wurden. Die V2 trug dadurch we-

sentlich zur Behinderung der deutschen Luftfahrtindustrie bei. Milward urteilte: „Mit diesen Mitteln und der gleichen Produktionsanstrengung hätten mindestens sechs Hochleistungs-Kampfflugzeuge hergestellt werden können." Geht man von einem geschätzten Gesamtausstoß von 6500 Raketen aus, so verlor die Luftwaffe durch die Konkurrenz der Heeresfernkampfwaffe ca. 39.000 Flugzeuge. Ganz abgesehen von allen Zahlenspielen um die Wirtschaftlichkeit der „Vergeltung" offenbart die Haltung Hitlers und der Wehrmachtführung erneut das typische Angriffsdenken, das auch in der kritischen Situation, in der Deutschland 1943 steckte, noch absoluten Vorrang hatte.[10]

Eine A4/V2-Rakete, ausgestellt im National Air & Space Museum in Washington (ca. 2004). Vom militärischen Effekt her war das überaus aufwendige A4/V2-Programm enttäuschend und wirkte sich überdies fatal auf die deutsche Luftrüstung aus.

10 Ralf Schabel: Die Illusion der Wunderwaffen, München 1994, S. 176 f. Im Juli 1943 fiel die Entscheidung für die Massenproduktion der V2.

Emailleschild des Raketen-Testgeländes der Heeresversuchsanstalt mit schematischer Zeichnung der V2; historische Authentizität nicht sicher.
Buchhandlung Stochr, Wien

Der Glaube an die Spitzenstellung der deutschen Hochtechnologie – insbesondere im Hinblick auf die Luftwaffe – hat bei Hitler möglicherweise Entscheidungen beeinflusst, die tragischste Konsequenzen hatten. In diesem Zusammenhang wird häufig der 3. Juli 1939 angeführt; das war jener Tag, an dem Hitler die Luftwaffenerprobungsstelle Rechlin besichtigte und unter anderem auch das Raketenflugzeug He 176 vorgeführt bekam. Der Physiker Hans Papst von Ohain und Ernst Heinkel hielten einen Vortrag über den Strahlantrieb und vermittelten den Eindruck, die junge deutsche Luftwaffe werde auch in Zukunft über einen erheblichen Vorsprung gegenüber potenziellen Gegnern verfügen. Der Strahlantrieb lasse Flugzeugentwürfe zu, die der bisherigen Technik meilenweit voraus sein würden. Erhielt Hitler aufgrund der an diesem Tag entwickelten Visionen einen falschen Eindruck vom Ausrüstungsstand der Luftwaffe und fällte davon ausgehend „schwerste Entschlüsse“[11], wie der Historiker David Irving meinte?

Bereits drei Jahre später, 1942, war von diesen Visionen keine Rede mehr; die Luftwaffe steckte in einer tiefen Ausrüstungskrise. Etliche Flugzeugmuster erwiesen sich als technische Versager.

11 David Irving: Die Tragödie der deutschen Luftwaffe, Berlin 1971, S. 128.

„Wunderflugzeuge“ mit Strahlantrieb, mit denen man dem wachsenden Produktionsvorsprung der Alliierten hätte begegnen können, gab es an der Front nicht. Hermann Göring, der Oberbefehlshaber der Luftwaffe, sah in der Industrie den Schuldigen an der Misere. Er sei nicht darüber informiert worden, so klagte er, dass die Flugzeugmuster in Rechlin nur Prototypen gewesen seien. Wörtlich sagte Göring mit Blick auf diese Vorführung: „Ich habe wirklich einmal vor dem Kriege Vorführungen in Rechlin erlebt, gegenüber denen ich nur sagen kann: welche Stümper sind alle unsere

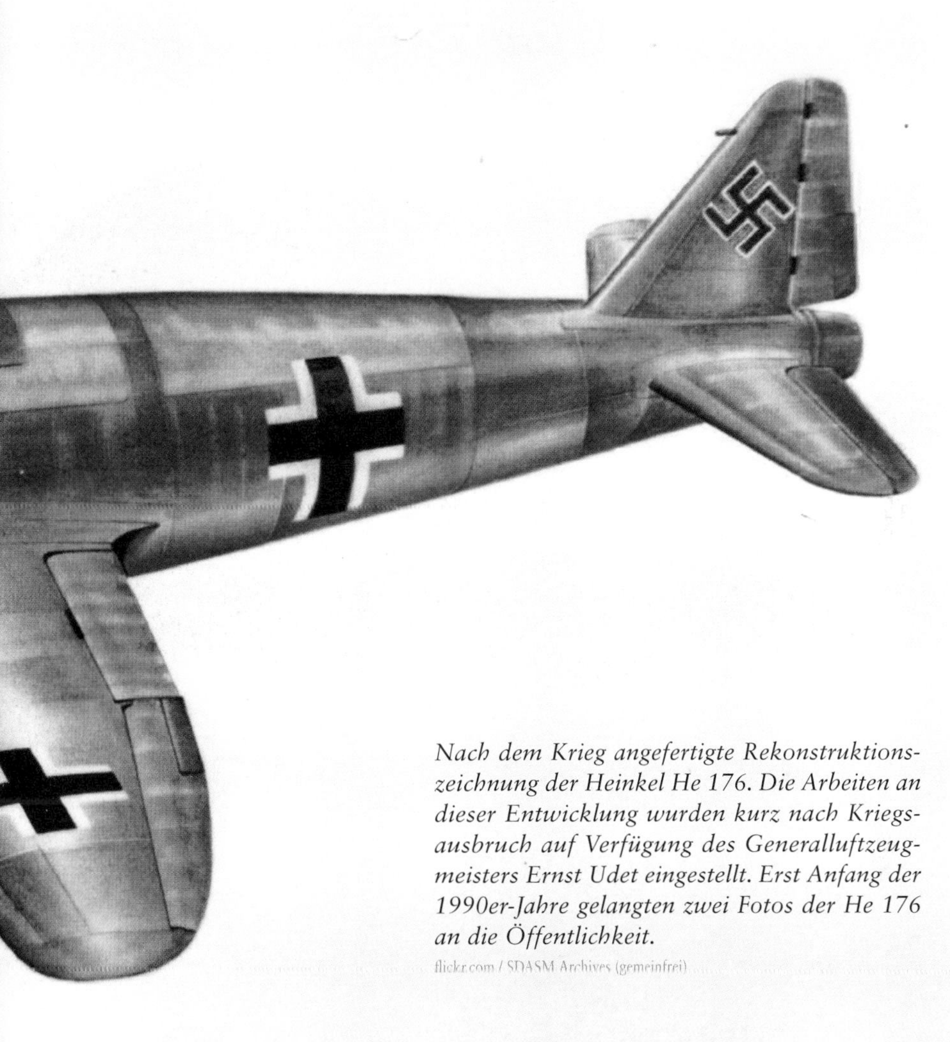

Nach dem Krieg angefertigte Rekonstruktionszeichnung der Heinkel He 176. Die Arbeiten an dieser Entwicklung wurden kurz nach Kriegsausbruch auf Verfügung des Generalluftzeugmeisters Ernst Udet eingestellt. Erst Anfang der 1990er-Jahre gelangten zwei Fotos der He 176 an die Öffentlichkeit.

flickr.com / SDASM Archives (gemeinfrei)

Zauberer. Was mir da und vor allem auch dem Führer vorgezaubert wurde, ist überhaupt noch nicht erreicht worden.“[12]

Das *Blame game*, das sich nach Ende des Zweiten Weltkrieges an der Frage entzündete, warum die visionären, zukunftsweisenden militärtechnischen Innovationen nicht zum Tragen kamen, warum es nicht gelungen war, Raketen, Strahlflugzeuge oder Flugabwehrraketen vor dem Zusammenbruch der Heimatluftverteidi-

12 Schabel: Illusion, S. 18.

gung rechtzeitig an die Front zu bringen, obwohl die Entwicklungen bereits vor dem Krieg eingesetzt hatten, mündete in einer Art waffentechnologischer „Dolchstoßlegende“[13]: Geniale Techniker und Wissenschaftler mit revolutionären Ideen und Visionen seien an Bleistiftspitzern oder Ignoranten gescheitert, die die Bedeutung der revolutionären Entwicklungen nicht erkannt und deren rechtzeitigen Einsatz deshalb hintertrieben oder blockiert hätten.

Ob und inwieweit diese Sichtweise belegbar ist, soll anhand ausgewählter zukunftsweisender Entwicklungen nachgeprüft werden. Was verhinderte, dass die „gigantischen Visionen“ in entscheidende militärische Vorteile umgemünzt oder realisiert werden konnten? Was war entscheidend, wenn sie, wie die V-Waffen, doch Realität wurden? Und was verhinderte, um bei den V-Waffen zu bleiben, dass ihr Einsatz irgendeinen fühlbaren Einfluss auf den Verlauf des Krieges nahm?

Diesen Fragen und möglichen Antworten soll auf verschiedenen waffen- und rüstungstechnologischen Feldern nachgegangen werden, die sich von der Entwicklung einer deutschen Kernwaffe über den Bau von Strahlflugzeugen bis hin zur Entwicklung von Ersatzstoffen erstrecken.

13 Ebd.

Kapitel II

Die gescheiterte Vision einer deutschen Atombombe

2005 hat der Historiker Rainer Karlsch mit seinem Buch „Hitlers Bombe. Die geheime Geschichte der deutschen Kernwaffenversuche“ der Diskussion um die deutsche Kernwaffenforschung im Zweiten Weltkrieg einen neuen Schub gegeben. Dabei lenkte er den Fokus weg von Werner Heisenberg und Carl Friedrich von Weizsäcker, den Nestoren der deutschen Kernphysik, und hin zu anderen Wissenschaftlergruppen, die im Zweiten Weltkrieg nicht nur einen funktionsfähigen Reaktor zu errichten versucht, sondern auch zielstrebig an der Entwicklung von Kernwaffen gearbeitet hätten.

Karlsch konnte in seinem Buch auf neue Quellen verweisen, so auf den Entwurf eines Patents für eine Kernwaffe mit Plutonium und auf Berichte des sowjetischen Geheimdienstes. Seine Arbeit gipfelte in der These, es sei deutschen Forschern gelungen, eine „taktische“ Kernwaffe herzustellen und im März 1945 in Thüringen auf dem Truppenübungsplatz Ohrdruf erfolgreich zu testen.[14]

Auch wenn die Bodenproben, die in Ohrdruf 2005 von der Physikalisch-Technischen Bundesanstalt (PTB) in Braunschweig im

14 Rainer Karlsch: Hitlers Bombe. Die geheime Geschichte der deutschen Kernwaffenversuche, München 2005, S. 21.

Auftrag des ZDF entnommen wurden[15], Karlschs Behauptung von einer Kernexplosion bisher nicht erhärten konnten, ist die Diskussion um die Möglichkeit der Existenz eines deutschen „Manhattan Project“ nicht abgeebbt, wovon eine Reihe von Büchern Zeugnis ablegt, die zum Teil aufgrund fehlender Akten im Spekulativen blieben.[16] Der Ökonom und Historiker Wolfgang G. Schwanitz hat im Weiteren in einer Rezension des Buchs von Karlsch darauf hingewiesen, dass die „heutige Nachweisbarkeit damaliger Kerntests“ „klar an Bedeutung verloren“ habe. Die „fragliche Bundesanstalt“ habe „kostspielige Analysen“ vermieden. „Was getan wurde, kann jetzt weder als ein Beweis dafür noch dagegen gelten.“[17] Damit bleiben Spekulationen Tor und Tür geöffnet. Und deshalb gilt weiterhin, was Karlsch und Mark Walker feststellten: „The German atomic bomb is like a zombie: just when we think we know what happened, how and why, it rises again from the dead.“[18]

Befeuert werden diese Spekulationen wohl auch durch die unter anderem von Werner Heisenberg Anfang Juni 1942 gegenüber Rüstungsminister Albert Speer aufgestellte Versicherung, dass dem „Bau einer Nuklearwaffe theoretisch nichts im Wege stünde“, die „produktionstechnischen Voraussetzungen“ allerdings „frühes-

15 „Die Messwerte geben keinen Hinweis, dass andere Quellen als der Fallout oberirdischer Atombomben-Tests in den 1950er/1960er Jahren und der Reaktorunfall in Tschernobyl im Jahr 1986 für die Bodenkontaminationen verantwortlich sind. Insgesamt zeigen die PTB-Messergebnisse für eine Kernexplosion ‚keinen Befund‘.“ o. A.: „In Bodenproben keine Spur von ‚Hitlers Bombe‘. PTB legt Analysebericht zu Bodenproben aus dem thüringischen Ohrdruf vor“, ptb.de vom 15. Februar 2006; online unter: ptb.de/cms/en/gateways/press/press-releases (letzter Zugriff: 16. Dezember 2020).

16 *Pars pro toto* zu nennen sind hier zum Beispiel: Harald Fäth: 1945 – Thüringens Manhattan Project. Auf der Spurensuche nach der verschollenen V-Waffen-Fabrik in Deutschlands Untergrund, Zella-Mehlis 2000; ders.: Geheime Kommandosache – S III Jonastal und die Siegwaffenproduktion. Weitere Spurensuche nach Thüringens Manhattan Project, Rottenburg 2004; oder die einschlägigen Bücher von Thomas Mehner und Edgar Meyer.

17 Wolfgang G. Schwanitz: „Rezension zu: Karlsch, Rainer: Hitlers Bombe. Die geheime Geschichte der deutschen Kernwaffenversuche. München 2005“, H-Soz-Kult vom 20. Mai 2005; online unter: hsozkult.de/publicationreview/id/reb-7382 (letzter Zugriff: 15. Dezember 2021).

18 „Die deutsche Atombombe ist wie ein Zombie: Gerade wenn wir zu wissen glauben, was passiert ist, wie und warum, steht sie von den Toten wieder auf.“ (Übers. v. Verf.); Rainer Karlsch u. Mark Walker: „New Light on Hitler’s Bomb“; in: Physics World 18 (2005), H. 6, S. 15–18, hier S. 18.

Die US-amerikanische Atombombe „Little Boy" mit geöffnetem Gehäuse. Die Spekulationen um ein deutsches „Manhattan Project" sind bis heute nicht abgeebbt. WikiMedia Commons / US Government, Manhattan Project (gemeinfrei)

tens in zwei Jahren" zu erwarten seien.[19] Nach Kriegsende verfestigte sich diese Auskunft zur lange Zeit kolportierten Version, die deutschen Kernphysiker seien letztlich nicht am nicht hinreichenden theoretischen Wissen gescheitert, sondern vor allem an den Engpässen und Hürden, die der ungünstige Kriegsverlauf mit sich brachte.

Eine Zeit lang war im Weiteren die nach dem Krieg unter anderem von Robert Jungk befeuerte Legende in Umlauf, die deutschen Wissenschaftler hätten Hitler aus moralischen Gründen die Bombe verweigert. In Jungks Buch „Heller als tausend Sonnen" (1956) findet sich auch eine aufschlussreiche Apologie Heisenbergs im Hinblick auf den Vorwurf, er habe NS-Deutschland nicht, wie viele andere, verlassen. Er und sein „engerer Kreis", so kolportierte Jungk, „wollten durch die Leitung des Kaiser-Wilhelm-Instituts für Physik die Atomentwicklung Deutschlands in der Hand behalten, weil sie damals noch befürchten mußten, daß sonst andere, mit weniger Skrupeln belastete Physiker versuchen könnten, für Hitler Atombomben zu bauen".[20]

---

19 Albert Speer: Erinnerungen, Frankfurt/Main, Berlin u. Wien 1969, S. 240.

20 Robert Jungk: Heller als tausend Sonnen. Das Schicksal der Atomforscher, Bern, Stuttgart u. Wien 1956, S. 101.

Die „Calutron Girls“ waren junge Frauen, die die „Calutron“-Kontrolltafeln überwachten. Der Name „Calutron“ leitete sich von der Bezeichnung „California University Cyclotron“ ab. Mithilfe des von dem US-Physiker Ernest O. Lawrence entwickelten Massenspektrografen „Calutron“ konnte in Oak Ridge – einem der Standorte des „Manhattan Project“ – das Uranisotop U-235 gewonnen werden, das in der Hiroshima-Atombombe zum Einsatz kam.

WikiMedia Commons / American Museum of Science and Energy (gemeinfrei)

Weizsäcker erklärte ein Jahr nach Erscheinen des Buchs von Jungk gegenüber dem „Spiegel“, „die äußeren Umstände haben uns die schwere Entscheidung, ob wir Atombomben herstellen sollten, aus der Hand genommen“. Zu den wissenschaftlich-technischen Ambitionen des „Uranvereins“[21] sagte er: „Wir wollten wissen, ob Kettenreaktionen möglich wären. Einerlei, was wir mit Kenntnissen anfangen würden – wissen wollten wir es.“[22]

---

21 „Uranverein“ war die interne Bezeichnung; offiziell lautete die Bezeichnung „Arbeitsgemeinschaft für Kernphysik“.

22 o. A.: „... und führe uns nicht in Versuchung. Vom gespaltenen Atom zum gespaltenen Gewissen. Die Geschichte einer menschheitsgefährdenden Waffe“; in: Der Spiegel 19/1957, S. 45–53, hier S. 46, 52; online unter: magazin.spiegel.de/EpubDelivery/spiegel/pdf/41757414 (letzter Zugriff: 22. November 2020).

Funktionsweise einer Nuklearwaffe

Die Explosion einer Nuklearwaffe wird durch eine unkontrollierte atomare ➤ Kettenreaktion ausgelöst. Die Kettenreaktion setzt große Energien frei, und zwar in Form von Hitze, Druckwelle und Strahlung. Um eine Nuklearexplosion auszulösen, ist eine kritische Masse von Uran (knapp 50 kg) oder Plutonium (ca. 11 kg) notwendig. Diese Masse wird in zwei Teile aufgeteilt, nämlich in einen Kegel und eine Kugel. Mittels einer nicht atomaren Sprengladung wird der Kegel in die Kugel geschossen, was die Kettenreaktion in Gang setzt.

Diese Version ist in den letzten Jahrzehnten mit guten Gründen immer wieder infrage gestellt worden, was – jenseits aller moralischen Erwägungen, die hier mit Blick auf das NS-Regime anzustellen sind – zu der Frage führt, was tatsächlich die Gründe dafür gewesen sind, dass die „gigantische Vision“ einer deutschen Nuklearwaffe letztlich nicht realisiert werden konnte. Was eine Verwirklichung dieser Vision bedeutet hätte, brachte Walther Gerlach, ab 1944 Bevollmächtigter für Kernphysik, im Krieg wie folgt auf den Punkt: Derjenige, der „mit dem Einsatz der Bombe drohen konnte“, würde „alles“ erreichen können.[23] Es handelt sich um jenen Gerlach, über den David Irving in einer Reihe von „Spiegel“-Artikeln vermerkte, dass es ihm in seiner Zeit als Bevollmächtigter vor allem darum gegangen sei, „die Physiker vor dem Tod auf dem Schlachtfeld zu bewahren“. „Er hätte die Wissenschaftler zwingen können“, schreibt Irving, „eine Atombombe zu produzieren – aber er hat es nicht getan.“[24] Das ist, wie noch zu zeigen sein wird, eine Fehleinschätzung, die unter anderem Rainer Karlsch in seinem Buch „Hitlers Bombe“ richtiggestellt hat.

Zum Nennwert genommen hätte die oben zitierte Einschätzung Gerlachs mit Blick auf die aus deutscher Sicht immer verzweifelter werdende Kriegslage bedeuten müssen, alles in Gang zu setzen, um in den Besitz dieser Waffe zu kommen. Im Folgenden wird

23 Zit. n. Mark Walker: „Selbstreflexionen deutscher Physiker. Die Farm Hall-Protokolle und die Entstehung neuer Legenden um die ‚deutsche Atombombe‘“; in: VfZ 41 (1993), S. 519–542, hier S. 532.

24 David Irving: „So groß wie eine Ananas“; in: Der Spiegel 26/1967, S. 92 f. Es handelt sich hier um einen Vorabdruck seines Buchs „Der Traum von der deutschen Atombombe“ (Gütersloh 1967).

geprüft, ob die Gründe für das Scheitern im mangelnden technischen Wissen, im passiven Widerstand (sprich: moralischen Skrupeln) deutscher Kernphysiker, in den nicht ausreichenden Ressourcen auf deutscher Seite oder anderswo zu suchen sind.

Hahn und Straßmann gelingt die Kernspaltung

Der „Big Bang“ der deutschen Atomforschung fiel in die Tage vor dem Weihnachtsfest 1938. Der Ort war das Kaiser-Wilhelm-Institut für Chemie in Berlin. Hier gelang den Chemikern Otto Hahn und Fritz Straßmann, dem Assistenten Hahns, die Spaltung von Urankernen durch Neutronenbestrahlung, was als eines der bedeutendsten und folgenreichsten Ereignisse in der Geschichte der Naturwissenschaften klassifiziert werden kann. Wie dieser Vorgang zu bewerten war, darüber hatten Hahn und Straßmann noch keine Theorie. In Anschluss an ihr Experiment konnten sie – zu ihrer Überraschung – Barium-56 nachweisen, das aus Uran-235 entstanden sein musste.

Hahn trat deshalb mit der österreichisch-jüdischen Kernphysikerin Lise Meitner[25], die aus „rassischen Gründen“ nach Schweden emigriert war, brieflich in Kontakt; Hahn und Straßmann hatten mit ihr lange Zeit zusammengearbeitet. Zusammen mit ihrem Neffen Otto Frisch kam sie zu dem Ergebnis, dass Hahn und Straßmann die Spaltung von Atomkernen gelungen war. Beide waren überzeugt, dass neben Barium-56 noch ein zweites Element entstanden sein musste, nämlich Krypton-36. Das hatten Hahn und Straßmann übersehen.

Meitner und Frisch erkannten weiter, dass hierbei eine bis dahin unvorstellbar große Menge an Energie freigesetzt wurde. Meitner sprach rückblickend davon, dass Otto Hahn und Fritz Straßmann „ein neues Zeitalter in der Geschichte der Menschheit eröffnet“ hätten. „Die dieser Entdeckung zugrunde liegende wissenschaftliche Leistung scheint mir darum so bewundernswert, weil sie ohne

25 Meitner hatte sich 1922 im Alter von 44 Jahren als erste Frau in Preußen habilitiert.

jede theoretische Wegweisung auf rein chemischem Weg erreicht worden ist."[26] Weiter erklärte sie:

> Es gelang mit einer ungewöhnlich guten Chemie von Hahn und Straßmann, mit einer phantastisch guten Chemie, die zu dieser Zeit wirklich niemand anderer gekonnt hat. Später haben's die Amerikaner gelernt. Aber damals waren wirklich Hahn und Straßmann die einzigen, die das überhaupt machen konnten, weil sie so gute Chemiker waren. Sie haben wirklich mit der Chemie einen physikalischen Prozeß sozusagen nachgewiesen.[27]

Der Kontakt Hahns mit Meitner führte dazu, dass sie und Frisch den dänischen Physiker Niels Bohr über Hahns Entdeckung informierten, der diese Ende Januar 1939 auf einer Konferenz für Theoretische Physik in Washington vorstellte.[28] Aber auch Hahn selbst drängte in die Öffentlichkeit und veröffentlichte seine Ergebnisse Anfang Januar 1939 in der Zeitschrift „Naturwissenschaften".

Im Februar 1939 lieferten Meitner und Frisch in der Abhandlung „Disintegration of Uranium by Neutrons. A New Type of Nuclear Reaction"[29] eine erste physikalisch-theoretische Deutung für das von Otto Hahn so bezeichnete „Zerplatzen" des Uran-Atomkerns. Hier fiel unter anderem erstmals der Begriff „fission of the nucleus" – auf Deutsch: Kernspaltung –, der sich in der Folgezeit international durchsetzen sollte. Ebenfalls im Februar 1939 veröffentlichten Otto Hahn und Fritz Straßmann in der Zeitschrift „Naturwissenschaften" einen weiteren Beitrag[30], in dem sie auf die Möglichkeit hinwiesen, dass mit dem Zerfall des Urankerns weitere Neutronen freiwerden könnten, die die Reaktion fortsetzten. Das war das erste Mal, dass von einer Kettenreaktion die Rede war. Hierfür erhielt Hahn 1944 den Nobelpreis für Chemie, den er allerdings erst 1946 entgegennehmen konnte.

---

26 Lise Meitner: Erinnerungen an Otto Hahn, Stuttgart 2005, S. 74.

27 Ebd., S. 50.

28 Irving: „So groß wie eine Ananas", S. 70.

29 Lise Meitner u. Otto Robert Frisch: „Disintegration of Uranium by Neutrons. A New Type of Nuclear Reaction"; in: Nature 143 (1939), S. 239 f.; online unter: nature.com/articles/143239a0 (letzter Zugriff: 5. Dezember 2020).

30 Otto Hahn u. Fritz Straßmann: „Nachweis der Entstehung aktiver Bariumisotope aus Uran und Thorium durch Neutronenbestrahlung. Nachweis weiterer aktiver Bruchstücke bei der Uranspaltung"; in: Die Naturwissenschaften 27 (1939), S. 89–95.

Nachbau der Apparaturen, mit denen Otto Hahn und Fritz Straßmann 1938 die Kernspaltung entdeckten, im Deutschen Museum in München. Die Anlagen waren ursprünglich in drei Räumen des Kaiser-Wilhelm-Instituts für Chemie untergebracht: Bestrahlung, Messung und Chemische Analyse. Auf der unteren Platine befindet sich eine Reihe von Pertix-Batterien mit Verbindungskabeln für die Stromversorgung. Im Versuchsaufbau sind sieben Elektronenröhren sichtbar.

Ende April 1939 konnte der französische Physiker Jean-Frédéric Joliot-Curie mit Blick auf die Frage, ob sich die Kernspaltung in Form einer Kettenreaktion fortpflanzen könne, eine bejahende Antwort geben. Damit war in der Fachwelt klar, dass die Kernspaltung zur Energiegewinnung, aber auch für die Entwicklung von Waffen mit bisher nicht gekannter Explosionskraft verwendet werden konnte.

Kernspaltung

Das Prinzip von Atombomben beruht auf der enormen Energie, die freigesetzt wird, wenn ein schwerer Atomkern in mehrere leichtere zerfällt. Beschießt man ihn mit Neutronen, kann man diesen Prozess gezielt auslösen. Für die technische Nutzung der Kernspaltung kam zunächst nur Uran-235 in Betracht (der Name bedeutet, dass dieses Isotop des Elements Uran 235 Kernbausteine enthält, und zwar 92 Protonen und 143 Neutronen). Es kommt nur zu einem sehr geringen Anteil in Natururan vor, das vor allem aus Uran-238 (mit drei Neutronen mehr) besteht. Um eine Kernspaltung auslösen zu können, bedarf es eines freien Neutrons, das vom Uran-235-Kern aufgenommen werden muss. Beim Prozess der Aufnahme entsteht kurz Uran-236, das aber nicht stabil ist und wieder zerfällt, und zwar in Barium-56 und Krypton-36. Es bleiben zwei bis drei Neutronen übrig, die für den Prozess der ➤ Kettenreaktion entscheidend sind.

Kettenreaktion

Wird ein Atomkern von Uran-235 mit einem Neutron beschossen, entsteht das Isotop Uran-236. Uran-236 ist nicht stabil, sodass es zu einem Zerfall kommt. Durch diese Kernspaltung entstehen die Atome Barium-56 und Krypton-36 sowie zwei oder drei Neutronen. Diese Neutronen können wiederum andere Atomkerne von Uran-235 in Uran-236 umwandeln und zum Zerfall bringen. Damit es zur Kernspaltung kommt, ist entscheidend, dass die Neutronen nicht zu schnell sind, damit sie von den Atomkernen von Uran-235 aufgenommen werden können. Ist hinreichend Uran-235 vorhanden, nimmt die Zahl der zerfallenden Kerne exponentiell zu. Dieser Vorgang wird als Kettenreaktion bezeichnet. Zu unterscheiden ist zwischen einer kontrollierten und einer unkontrollierten Kettenreaktion. Bei einer kontrollierten Kettenreaktion besteht das Ziel darin, das Ausmaß zu begrenzen. In einem Kernreaktor übernehmen das Regelstäbe aus Cadmium oder Bor, die die freien Neutronen „auffangen“ und so die Kettenreaktion eindämmen. Die Kernspaltung ist dann beendet, wenn es keine freien Neutronen mehr gibt. Demgegenüber ist es das Prinzip der Atombombe, mit einer ausreichenden Menge von Uran-235 und Neutronen eine unkontrollierte Kettenreaktion auszulösen. Diese entsteht durch die exponentielle Vermehrung der Kernspaltungen durch das Freisetzen von Neutronen. Dieser Prozess setzt sich so lange fort, wie es spaltbares Uran gibt.

Der Reichsforschungsrat (RFR) organisierte daraufhin Ende April 1939 die Zusammenziehung aller führenden deutschen Atomforscher im „Uranverein“, der zu Beginn seiner Tätigkeit mit einer

Million Reichsmark pro Jahr gefördert wurde. Programmleiter des „Uranvereins" war zunächst Abraham Esau, der Leiter der Physikalisch-Technischen Reichsanstalt, dann folgte der Militärphysiker Kurt Diebner, nach ihm wieder Esau und gegen Ende des Programms der Physiker Walther Gerlach. Beteiligt waren 22 Institute von Universitäten und der Kaiser-Wilhelm-Gesellschaft in zwölf Städten. Die Arbeitsthemen und die wichtigsten Forscher waren:

- Reaktorentwicklung (Werner Heisenberg, Carl F. von Weizsäcker, Karl Wirtz, Robert Döpel, Kurt Diebner);
- Isotopentrennung (Erich Bagge, Paul Harteck, Wilhelm Groth);
- Kerndaten (Walter Bothe, Heinz Meier-Leibnitz, Wilhelm Walcher, Wolfgang Paul, Georg Stetter, Willibald Jentschke, Wolfgang Gentner, Wolfgang Riezler, Otto Haxel);
- Chemie (Otto Hahn, Fritz Straßmann).[31]

Paul Harteck gehörte zu den ersten deutschen Wissenschaftlern, die die militärische Dimension der Entdeckung der Kernspaltung erkannten.

Der österreichische Physikochemiker Paul Harteck, Direktor des Instituts für Physikalische Chemie an der Universität Hamburg, und der Physikochemiker Wilhelm Groth erkannten rasch die militärischen Möglichkeiten der hahnschen Entdeckung, was sie dem Heereswaffenamt (HWA) mitteilten. Dabei verwiesen sie auf die Möglichkeit der Herstellung eines Sprengstoffes „von ungeahnter Wirkung"[32]. Ähnlich äußerten sich Göttin-

31 Manfred Popp: Langsame oder schnelle Neutronen? Der Mythos der deutschen Atombombe, Ringvorlesung zum Gedächtnis an Lise Meitner, Freie Universität Berlin, 29. Oktober 2018; online unter: fu-berlin.de/sites/offenerhoersaal/service/archiv/ws-2018-19-lise-meitner-material/Mythos-Atombombe-121218.pdf (letzter Zugriff: 5. Dezember 2020).

32 Zit. n. Günter Nagel: Forschung für den Krieg. Die geheimen Arbeiten der Abteilung Forschung des Heereswaffenamtes, Stuttgart 2012, S. 164.

ger Physiker in einem Brief an das Reichserziehungsministerium (REM).[33] Hartecks und Groths Brief fand beim HWA, das die Initiative aufnahm, Widerhall.

Am 9. Juni 1939 publizierte Siegfried Flügge, ein Assistent Otto Hahns, die einzige deutsche Arbeit, in der die Frage der kritischen Masse eines „Kernsprengstoffes" behandelt wird.[34] Weder Flügge selbst noch Heisenberg oder andere haben sie später noch einmal explizit thematisiert, wobei offenbleiben muss, ob es in Archiven in Russland oder den USA hierzu noch erbeutete Unterlagen gibt, die weiter als Verschlusssache behandelt werden.

Mitte Juni berief der Leiter des HWA, General Karl Becker, eine Konferenz ein, bei der unter anderem Abraham Esau, Max Planck, der Ehrenpräsident der Kaiser-Wilhelm-Gesellschaft sowie Erich Schumann, Leiter der Forschungsabteilung des HWA, zugegen waren. Beschlossen wurde auf Initiative von Schumann die Einrichtung eines Referates für Kernphysik (WaF 1[35]) im HWA, das unter der Leitung von Kurt Diebner stehen sollte. Standort war die Versuchsstelle Gottow der Heeresversuchsanstalt (HVA) Kummersdorf bei Berlin.

Dr. Kurt Diebner, Referatsleiter Kernphysik in der Versuchsstelle Gottow der Heeresversuchsanstalt Kummersdorf des Heereswaffenamtes: Heisenberg und Diebner waren, so der britische Wissenschaftshistoriker Mark Walker, „erbitterte Rivalen" in der Reaktorforschung.

WikiMedia Commons / US gov (gemeinfrei)

33 Exakte Bezeichnung: Reichsministerium für Wissenschaft, Erziehung und Volksbildung.

34 Siegfried Flügge: „Kann der Energieinhalt der Atomkerne technisch nutzbar gemacht werden?"; in: Die Naturwissenschaften 27 (1939), S. 402–410.

35 WaF = Forschungsabteilung des Heereswaffenamtes.

Kritische Masse

Die kritische Masse steht in Relation zur Konstruktion der Bombe und zum verwendeten Spaltmaterial. Bei Verwendung von Uran-235 beträgt die kritische Masse ca. 50 kg. Das entspricht einer Kugel mit einem Durchmesser von etwa 17 cm. Bei Plutonium-239 beträgt die kritische Masse etwa 10 kg, entsprechend einer Kugel von etwa 10 cm Durchmesser. Diese kritische Masse lässt sich deutlich verkleinern, wenn der spaltbare Stoff von einem Reflektor (schweres Wasser, Graphit, Beryllium) umgeben ist, der die austretenden Neutronen in das Uran oder das Plutonium zurücklenkt.[36]

36 Vgl. Artikel „Kernwaffen"; online unter: lernhelfer.de/schuelerlexikon/physik-abitur/artikel/kernwaffen# (letzter Zugriff: 8. Januar 2022).

Die Bilder zeigen den Betonkern des Prüfstandes für Atomversuche der Versuchsstelle Gottow. Von der Anlage sind nur mehr Ruinen vorhanden. Die Arbeiten an der Einrichtung der „Chemisch-physikalischen und Atom-Versuchsstelle Gottow" begannen Mitte der 1930er-Jahre westlich der Raketenversuchsstelle der Heeresversuchsanstalt Kummersdorf, die Ende Januar 1942 in Betrieb genommen wurde. Mit der von der Gruppe Diebner konstruierten „Uranmaschine" wurden Versuchsreihen an Uranwürfeln durchgeführt. Diebner und seine Mitarbeiter versuchten, ausgehend von einer Neutronenquelle und Würfeln aus Natururan einen lauffähigen Nuklearreaktor zu entwickeln, was ihnen aber bis Kriegsende offenbar nicht gelang. Die Anlage der Versuchsstelle bestand aus zwei mehr als 500 m langen Gebäudeblöcken, einem Munitionsbunker und einer Versuchsschießbahn. Beide Gebäudeblöcke, untergliedert in insgesamt fünf Gebäudegruppen, bestanden aus acht Versuchshallen, die durch einen splittergeschützten Gang miteinander verbunden waren. Die beiden Hauptgebäudeblöcke waren überdies durch insgesamt drei unterirdische Stollen miteinander verbunden. Diebners Gruppe arbeitete in den beiden letzten Gebäuden am westlichen Ende des südlichen Blockes. Der Versuchsreaktor wurde ganz in der Nähe, südwestlich der Gebäude, errichtet. Die Versuchsstelle wurde im April 1945 evakuiert; viele Akten wurden verbrannt oder verschwanden. Nach der Übernahme der HVA durch die Sowjets wurde die Versuchsstelle umgebaut.

alle Bilder Förderverein Museum Kummersdorf e. V.

Bei Kriegsbeginn bestimmte das HWA, das die Zuständigkeit für das „Uranprojekt" an sich zog, das Kaiser-Wilhelm-Institut für Physik in Berlin-Dahlem zum Zentrum der Uranforschung. Der Direktor dieses Instituts, Peter Debye, durfte als Niederländer an den geheimen Forschungsarbeiten nicht teilnehmen; er nahm Urlaub und ging im Januar 1940 als Gastprofessor für Chemie an die Cornell-Universität in New York. Kurt Diebner vom HWA bezog Debyes Büro als Leiter des Berliner „Uranprojekts".

Phase 1: Das Heereswaffenamt übernimmt die Federführung

Diebner, der im HWA als Sprengstoffexperte[37] galt, setzte sich unter anderem dafür ein, dass der Kernphysiker Erich Bagge zum HWA eingezogen wurde. Diebners Ziel war laut Bagge offenbar von Anfang an klar: Ihm ging es um die „Atombombe“[38] – auch wenn er dafür zu diesem Zeitpunkt einen anderen Begriff gebraucht haben dürfte. Bagge erarbeitete in der Folge eine Liste mit Wissenschaftlern, die als für das Projekt unverzichtbar eingestuft wurden. Auf dieser Liste befand sich auch der international renommierte Physiker Werner Heisenberg – er hatte 1932 den Nobelpreis für Physik erhalten –, der sich in der Folge rasch zum Kopf des Projekts aufschwingen sollte. Festzuhalten ist, dass sich Heisenberg als Theoretiker verstand und der Experimentalphysik eher distanziert gegenüberstand. Diebner und Heisenberg sollten in der Folge „erbitterte Rivalen in der Reaktorforschung“[39] werden. Der nicht habilitierte Experimentalphysiker Diebner galt als „Nazi“ und als nicht hinreichend wissenschaftlich reputiert, was ihn offenbar nicht nur Heisenberg spüren ließ. Eine ähnliche Arroganz legten Heisenberg und andere Physiker im Übrigen auch gegenüber den Bemühungen der Reichspostanstalt (RPA) an den Tag; so wurde nach dem Krieg in Abrede gestellt, dass die RPA an etwas „Ernsthaftem“ gearbeitet habe.[40] Auch diese Auskunft gehört in das Reich der Legenden. Tatsächlich legte die Reichspost unter ihrem rührigen Minister Wilhelm Ohnesorge auf dem Gebiet der Atomforschung eine erstaunliche Dynamik an den Tag, auf die noch eingegangen wird.

Die Arbeit des Uranvereins litt von vornherein daran, dass es keine feste organisatorische Struktur gab. Herausgehoben war das

37 Peter Auer: Von Dahlem nach Hiroshima. Die Geschichte der Atombombe, Berlin 1995, S. 141.

38 Ruth Lewin Sime: „Die ‚Uranspaltung‘ hat die ganze Situation gerettet“; in: Helmut Maier (Hg.): Gemeinschaftsforschung, Bevollmächtigte und der Wissenstransfer. Die Rolle der Kaiser-Wilhelm-Gesellschaft im System kriegsrelevanter Forschung des Nationalsozialismus, Göttingen 2007, S. 283.

39 Mark Walker: Eine Waffenschmiede? Kernwaffen- und Reaktorforschung am Kaiser-Wilhelm-Institut für Physik, Berlin 2005, S. 10.

40 Vgl. Karlsch: Hitlers Bombe, S. 48.

KWI für Physik in Berlin, das als das modernste Institut im Reich galt. Zu keinem Zeitpunkt aber entwickelte sich ein „geschlossener Atomforschungskomplex" (Rainer Karlsch), der in den USA und nach dem Krieg auch in Russland schließlich zum Erfolg führte.

Dessen ungeachtet ging die Arbeit zunächst rasch voran. Anfang Dezember 1939 skizzierte Heisenberg die theoretischen Grundlagen für den Bau einer „Uranmaschine", die er dem HWA vorlegte. In seinem Bericht „Die Möglichkeit der technischen Energiegewinnung aus der Uranspaltung" schrieb er in Zusammenhang mit der Anreicherung[41] des Uran-Isotops 235 unmissverständlich: „Sie ist ferner die einzige Methode, um Explosivstoffe herzustellen, die die Explosivkraft der bisher stärksten Explosivstoffe um mehrere Zehnerpotenzen übertreffen."[42] Dieser und ein anderer „Geheimbericht" Heisenbergs bildeten laut dem US-Wissenschaftshistoriker Mark Walker „die Gesamtgrundlage für die daran anknüpfende deutsche Forschung auf dem Gebiet der Kernforschung"[43].

Werner Heisenberg versuchte nach dem Krieg, glauben zu machen, deutsche Physiker hätten aus moralischen Gründen keine Atombombe bauen wollen

Das von Heisenberg angesprochene U-235, das für den Bau einer Bombe oder den Betrieb einer Uranmaschine benötigt wurde, musste aufwendig mittels Isotopentrennung von den restlichen Atomen abgeschieden werden. Carl Friedrich von Weizsäcker zeigte einen alternativen Weg auf: Er informierte das HWA über die Möglichkeit der Energiegewinnung aus U-238, was „zum Bau sehr kleiner Maschinen", „als Sprengstoff" und

41 Vergrößerung des prozentualen Anteils eines Isotops in einem Isotopengemisch.
42 Vgl. online: deutsches-museum.de/archiv/archiv-online/geheimdokumente/forschungszentren/leipzig/energie-aus-uran/dokument-24/ (letzter Zugriff: 5. Dezember 2020).
43 Walker: Waffenschmiede?, S. 10.

„zur Umwandlung anderer Elemente“ genutzt werden könne.[44] Weizsäcker wies in diesem Zusammenhang darauf hin, dass bei der Neutronenabsorption durch U-238 – also dem Einfangen von Neutronen durch Atomkerne – eine „schrittweise Umwandlung in das künstlich geschaffene transuranische Element 94“[45] stattfinde. Dieses Element ist heute als Plutonium bekannt.

Dass Weizsäcker, der sich nach dem Krieg als „radikaler Pazifist“[46] präsentierte, in dieser Phase als „Werbetrommler für die Superbombe“ agierte, wie der „Spiegel“[47] anmerkte, wird im Folgenden noch betrachtet werden.

Weizsäcker hatte einen zweiten Weg aufgezeigt, den die Amerikaner schließlich mit der Bombe beschritten, die über Nagasaki abgeworfen wurde; es handelte sich dabei um eine Plutoniumbombe, die mit deutlich weniger Aufwand hergestellt worden war als die Uranbombe, die über Hiroshima abgeworfen wurde. Voraussetzung war allerdings ein funktionierender Reaktor, der auf deutscher Seite deshalb nicht zustande kam, weil die deutschen Physiker, so resümiert der Kernphysiker Manfred Popp[48], offenbar unzureichende Vorstellungen von seiner Funktionsweise hatten. Nachdem Versuche mit (was übersehen wurde) chemisch unreinem Grafit als Moderatorsubstanz[49] nicht die erhofften Ergebnisse brachten – chemisch reines Grafit ermöglichte im Übrigen in den USA einen ersten funktionierenden Reaktor –, verlegten sich

---

44 Carl Friedrich von Weizsäcker: „Eine Möglichkeit der Energiegewinnung aus Uran 238“ (17. Juli 1940); online unter: deutsches-museum.de/archiv/archiv-online/geheimdokumente/forschungszentren/wien-heidelberg-strassburg/weizsaecker-energie-aus-u238/ (letzter Zugriff: 5. Dezember 2020).

45 Vgl. Walker: Waffenschmiede?, S. 11.

46 Ernst P. Fischer: „Der Philosoph, der die Atombombe liebte“, welt.de v. 26. Februar 2012; online unter: welt.de/kultur/history/article106729768/Der-Philosoph-der-die-Atombombe-liebte.html (letzter Zugriff: 26. Dezember 2020).

47 Matthias Schulz: „Werbetrommler für die Superbombe“, spiegel.de vom 15. März 2010; online unter: spiegel.de/geschichte/carl-friedrich-von-weizsaecker-a-948763.html (letzter Zugriff: 26. Dezember 2020).

48 Vgl. Manfred Popp: „Werner Heisenberg und das deutsche Uranprojekt im ‚Dritten Reich‘. Ein neuer Blick auf ein komplexes Kapitel der Wissenschaftsgeschichte“; in: Konrad Kleinknecht (Hg.): Quanten. Schriften der Heisenberg-Gesellschaft 6 (2018), S. 9–68.

49 Ein Moderator ist ein Material, mit dem schnelle Neutronen auf niedrige Energien „abgebremst“ werden, da bei niedrigen Neutronenenergien die Spaltung der U-235-Kerne mit besserer Ausbeute verläuft.

die deutschen Physiker auf schweres Wasser, um die Kettenreaktion einzudämmen.

Diese Entscheidung hatte weitreichende Folgen, kamen doch, wie in der „Spiegel"-Serie „… und führe uns nicht in Versuchung" bilanziert wurde, die deutschen Forscher „zu einem irrigen Schluss, der ihre Forschungen in einen Engpass trieb und ausschlaggebend dafür war, dass es den Deutschen bis Kriegsende nicht gelang, eine Kettenreaktion in Gang zu setzen".[50]

Bis heute wird für diese Fehleinschätzung der Experimentalphysiker Walther Bothe verantwortlich gemacht, der wegen seiner Messungen, die den Verzicht auf Grafit nach sich gezogen haben sollen, später heftig angegriffen wurde. Aufgrund dieser Analyse entschied sich das HWA gegen die kostspielige Produktion von reinem Kohlenstoff.[51] Festzuhalten ist allerdings, dass Heisenberg und andere erst nach der Lektüre des US-amerikanischen Smyth-Reports (Sept./Okt. 1945), also nach ihrer Farm-Hall-Internierung, wussten, dass die Amerikaner Grafit verwendet hatten. Erst zu diesem Zeitpunkt wurde Bothe in ihren Augen zum Sündenbock. Behauptungen, Bothes Analysen hätten zu einer Verlangsamung der deutschen Bemühungen geführt, sind deshalb „unzutreffend", wie Mark Walker hervorhob.[52]

So fiel die Entscheidung für schweres Wasser. Hier standen die deutschen Physiker allerdings gleich vor einem Engpass, sahen sie sich doch auf die damals größte Elektrolyseanlage der Welt im Kraftwerk Vemork der norwegischen Firma Norsk Hydro verwiesen, welche überdies bis zur Besetzung Norwegens nur geringe Mengen schweren Wassers produzierte. Dessen ungeachtet bilanziert David Irving für den Sommer 1940 einen „alarmierenden Vorsprung" der Deutschen, verfügten sie zu diesem Zeitpunkt doch über

- die Schwerwasserfabrik in Norwegen;
- viele Tonnen hochwertiger Uranverbindungen;

50 o. A.: „… und führe uns nicht in Versuchung", S. 44.
51 Vgl. Karlsch: Hitlers Bombe, S. 70.
52 Mark Walker: „Selbstreflexionen deutscher Atomphysiker"; in: VfZ 41 (1993), S. 519–542, hier S. 530.

- ein nahezu vollendetes Zyklotron[53] aus dem Labor des französischen Physikers Joliot-Curie;
- etliche renommierte Chemiker und Physiker.[54]

Hinzu kam die größte chemische Industrie auf der Welt. Wie nun konnte dieser Vorsprung in den folgenden Jahren verspielt werden?

Zunächst ging alles folgerichtig voran. Der nächste logische Schritt, der von deutscher Seite gesetzt wurde, war die Einrichtung eines Labors auf dem Gelände des KWI für Biologie in Berlin-Dahlem. Dort sollte unter dem Decknamen „Virus-Haus" Deutschlands erster Atomreaktor entstehen.

Die Fokussierung auf schweres Wasser als Moderatorsubstanz, zu der Bothes Messungen gewiss mit beigetragen haben[55], bedeutete eine maximale Abhängigkeit von der nur langsam steigenden Produktion von Norsk Hydro. Dem vorausschauenden Vorschlag Diebners, eine Schwerwasseranlage im Reichsgebiet zu errichten, erteilte Heisenberg mit dem (wenig überzeugenden) Argument eine Absage, die Grundlagenforschung sei noch nicht abgeschlossen.[56]

In dieser Situation kam ein Vorschlag von einem Wissenschaftler, der das deutsche Nuklearwaffenprojekt entscheidend hätte weiterbringen können. Gemeint ist der Physiker Friedrich („Fritz") Houtermans, der an Manfred von Ardennes privatem Forschungsinstitut in Berlin-Lichterfelde arbeitete, das vom Reichspostministerium unterstützt wurde. Houtermans, der wegen seiner kommunistischen Orientierung nach der Machtergreifung der Nationalsozialisten Deutschland verlassen hatte, wurde Anfang Dezember 1937 im Rahmen der stalinschen Säuberungsaktionen in Moskau inhaftiert. Nach zwei Jahren Haft wurde er 1940 aufgrund des deutsch-sowjetischen Nichtangriffspaktes an Deutschland ausgeliefert, wo er von der Gestapo erneut inhaftiert wurde. Der Physiker Max von Laue konnte jedoch seinen Einfluss geltend machen, Houtermans Freilassung bewirken und ihm eine Stelle an Ardennes

53 Ein Zyklotron ist ein Teilchenbeschleuniger, mit dessen Hilfe eine Kettenreaktion ausgelöst werden kann.

54 Irving: „So groß wie eine Ananas", S. 80.

55 Das Urteil von u. a. David Irving, dass hierdurch das deutsche Atombombenvorhaben „einschneidend, wenn nicht gar entscheidend belastet" worden sei, ist nach heutigem Kenntnisstand sicherlich überzogen.

56 Karlsch: Hitlers Bombe, S. 55.

Institut vermitteln. Später (ab Mai 1942) wurde Houtermans wissenschaftlicher Angestellter der Physikalisch-Technischen Reichsanstalt (PTR) und arbeitete an Aufträgen der Marine.

Ardenne war Ende 1940 bereits seit einiger Zeit bestrebt, sich dem deutschen „Uranprojekt" anzuschließen; an seinem Institut wurde an einem Zyklotron gearbeitet. Die Impulse, die von Houtermans ausgingen, fasste Ardenne später wie folgt zusammen:

> Die wichtigsten Ergebnisse fasste Houtermans in einem Geheimbericht „Zur Frage der Auslösung von Kernreaktionen" zusammen, der damals allen maßgebenden deutschen Kernphysikern übermittelt wurde. In dieser Schrift aus dem Jahre 1941 sagte Houtermans die Spaltbarkeit und die Perspektive des Plutoniums voraus. Er stellte die Überlegenheit des Plutonium-Verfahrens gegenüber der Spaltstoffherstellung durch Isotopentrennung dar und machte auf jenen Weg aufmerksam, der heute in den sogenannten Brutreaktoren als wohl rationellste Methode zur Energiegewinnung angewandt wird [...]. Es ist überraschend, diese Arbeit in den zusammenfassenden Nachkriegsberichten kaum erwähnt zu finden, obwohl die Houtermansschen Untersuchungen sowohl von sowjetischen als auch von amerikanischen Wissenschaftlern mit größtem Interesse zur Kenntnis genommen wurden.[57]

Die Resonanz unter den führenden deutschen Kernphysikern auf diese wichtige Entdeckung Houtermans' blieb letztlich marginal – wohlgemerkt in einer Zeit, als die US-Amerikaner bereits energisch ihre Arbeiten zur Entwicklung einer Nuklearwaffe vorantrieben. Sie sollten sich durch ebenjenen Houtermans in ihren Aktivitäten bestätigt sehen.

Der russische Historiker Viktor J. Frenkel ließ in seiner Biografie über Houtermans durchblicken, dass dieser seiner Robert Jungk gegenüber gemachten Einlassung: „Einem totalitären Regime gegenüber muss jeder anständige Mensch den Mut besitzen, Hochverrat zu begehen"[58], offenbar Taten folgen ließ. Der bekannteste Beleg hierfür ist der deutsch-jüdische Physiker Fritz Reiche, der sich erst Anfang 1941 zur Emigration in die USA entschloss. Houtermans hat sich laut Reiche auf Hinweis Max von Laues mit ihm getroffen; dabei soll er Reiche gebeten haben, Folgendes an die US-Wis-

57 Manfred von Ardenne: Ein glückliches Leben für Technik und Forschung, Berlin 1972, S. 135 f.

58 Jungk: Heller als tausend Sonnen, S. 98.

senschaftler (unter denen sich mittlerweile etliche deutsch-jüdische Emigranten befanden) zu übermitteln:

> Wenn Sie nach drüben kommen, denken Sie bitte daran, den betreffenden Leuten das Folgende mitzuteilen: Wir versuchen hier angestrengt, darunter auch Heisenberg, den Gedanken an die Herstellung einer Atombombe zu verhindern. Aber der Druck von oben ... Bitte sagen Sie dies alles; dass Heisenberg nicht imstande ist, dem Druck der Regierung, nun ernsthaft mit dem Bau der Bombe zu beginnen, noch länger standzuhalten. Und sagen Sie, sagen Sie, sie sollen sich beeilen, wenn sie die Sache schon begonnen haben ... Sie sollen die Sache beschleunigen.[59]

Unter den emigrierten Wissenschaftlern mit jüdischem Hintergrund, denen Reiche diese Botschaft übermittelte, war mit Eugen Wigner zwar nur einer direkt für das „Manhattan Project" tätig, was aber wohl ausreichte, arbeitete Wigner doch eng mit Enrico Fermi[60] zusammen, unter dessen Leitung Anfang Dezember 1942 die erste von Menschen eingeleitete und kontrollierte nukleare Kettenreaktion in Gang gesetzt wurde. Houtermans beließ es nicht bei dieser einen Warnung; er lancierte später eine weitere Botschaft an Wigner:

> Einmal erhielten wir im Metallurgischen Laboratorium in Chicago ein Telegramm von dem bekannten theoretischen Physiker Fritz Houtermans. Houtermans wusste über die Kernspaltung Bescheid, und er kannte auch Heisenberg. Houtermans schrieb uns aus der Schweiz: „Beeilt Euch. Wir sind nahe dran."[61]

Dass Houtermans Heisenberg als einen Faktor bezeichnete, der den Bau der Bombe hinausgezögert habe, deckt sich mit einem Narrativ, das dieser über sein immer wieder kontrovers diskutiertes Gespräch mit Niels Bohr in Kopenhagen im September 1941 verbreitet hat.

---

59 Viktor J. Frenkel: Professor Friedrich Houtermans – Arbeit, Leben, Schicksal. Biographie eines Physikers des zwanzigsten Jahrhunderts, Berlin 2011, S. 85; im Netz unter: mpiwg-berlin.mpg.de/sites/default/files/Preprints/P414.pdf (letzter Zugriff: 5. Dezember 2020).

60 Der in Italien geborene Fermi war aufgrund der 1938 erlassenen antisemitischen Gesetze der Regierung Mussolini, die seine jüdische Frau Laura, seine beiden Kinder und auch einige seiner Mitarbeiter betrafen, im selben Jahr mit seiner Familie in die USA emigriert.

61 Frenkel: Houtermans, S. 85.

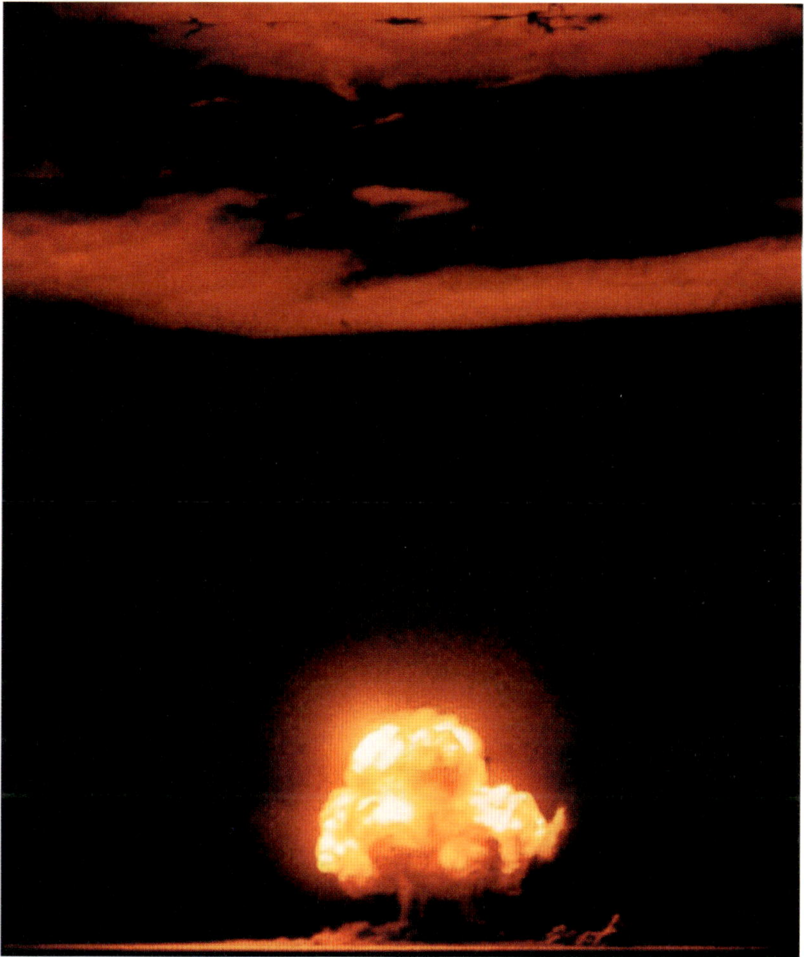

„Manhattan Project": erster Atombombentest „Trinity" am 16. Juli 1945.
WikiMedia Commons / US Government, Manhattan Project (gemeinfrei)

Heisenberg nahm dort mit Weizsäcker an einer wissenschaftlichen Konferenz teil. Während dieses Aufenthalts besuchte er auch seinen ehemaligen Mentor Niels Bohr und führte mit ihm ein Vieraugengespräch. Darin soll auch die Möglichkeit militärischer Anwendungen der Kernspaltung erörtert worden sein. Was Heisenberg mit diesem Gespräch tatsächlich intendierte, ist bis heute unklar geblieben. Robert Jungk verbreitete in seinem Buch „Heller als tausend Sonnen" das Narrativ, Heisenberg habe darauf hinzuwirken versucht, mit Bohrs Hilfe eine Übereinkunft mit den Kernphysikern der Alliierten herzustellen, Kernwaffen „aus moralischen Gründen“ generell zu verunmöglichen. Bohr, so versuchte Heisenberg glauben zu machen, sei über die Möglichkeit, dass Atombomben grundsätzlich möglich seien, angeblich so erschrocken gewesen, dass er die eigentliche Botschaft nicht mehr aufgenommen habe.

Bohr selbst hat bis zu seinem Tod im Jahre 1962 öffentlich nie Stellung zu diesem Gespräch bezogen. Seit Februar 2002, als das Niels-Bohr-Archiv auch jene Aufzeichnungen freigab, die den Besuch von Heisenberg betreffen, kann Jungks Version, die auch schon von Mark Walker infrage gestellt wurde, nicht mehr aufrechterhalten werden.

Laut den Aufzeichnungen Bohrs machte es einen starken Eindruck auf ihn, seine Frau und die Institutsmitarbeiter, wie sicher Heisenberg und Weizsäcker vom deutschen Sieg sprachen und davon, wie unklug es sei, sich deutschen Kooperationsangeboten entziehen zu wollen. In diesem Vieraugengespräch erklärte Heisenberg laut den Aufzeichnungen der Gattin Bohrs,

> er arbeite an der Freisetzung von Atomenergie und äußerte die Überzeugung, dass der Krieg, wenn er nicht mit einem deutschen Sieg endete, durch solche Mittel entschieden werden würde. Heisenberg sagte ausdrücklich, dass er nicht auf technische Details eingehen wolle, sondern dass Bohr verstehen solle, dass er wisse, wovon er spreche, da er sich zwei Jahre lang ausschließlich mit an dieser Frage beschäftigt habe. Bohr hielt sich mit einem Kommentar zurück, verstand aber, dass es sich um eine wichtige Information handelte, die er versuchen musste, den Engländern zur Kenntnis zu bringen.[62]

War es die Intention Heisenbergs, Bohr hochgeheime Informationen zu verraten, in dem Wissen darum, dass dieser sie an die Engländer weiterleiten würde? Heisenberg musste wissen, dass ihm mit Bohr nicht nur sein ehemaliger Mentor gegenüberstand, sondern auch ein Wissenschaftler eines von Deutschen besetzten Landes, der überdies eine jüdische Mutter hatte. Hat er bewusst ein viel zu positives Bild vom Stand der deutschen Kernwaffenambitionen gezeichnet, um – analog zu Houtermans („Beeilt Euch!“) – in Eng-

62 Niels Bohr Archive, Document 6 (es handelt sich um eine Notiz in der Handschrift von Bohrs Frau Margarethe); online unter: archon.nbi.dk/tms/heisenberg/?doc=facs06&page=1 (letzter Zugriff: 5. Dezember 2020). Übersetzung ins Deutsche durch den Verfasser.

Werner Heisenberg und Niels Bohr (1934): Bohr selbst hat bis zu seinem Tod im Jahre 1962 nie öffentlich Stellung zu seinem Gespräch mit Heisenberg im September 1941 bezogen. Nach seiner Flucht aus Dänemark beteiligte sich Bohr am „Manhattan Project". WikiMedia Commons / U.S. Department of Energy (gemeinfrei)

land (die USA befanden sich noch nicht im Krieg mit Deutschland) entsprechende Aktivitäten auszulösen? Dafür sprechen folgende Aufzeichnungen Bohrs:

> Woran ich aber besonders denke, ist das Gespräch, das wir in meinem Büro im Institut hatten. Wegen des von Ihnen angesprochenen Themas habe ich jedes Wort, das gesagt wurde, genau in meinem Kopf festgehalten. Es musste einen sehr starken Eindruck auf mich machen, dass Sie gleich zu Beginn sagten, Sie seien sicher, dass der Krieg, wenn er lange genug dauern würde, mit Atomwaffen entschieden werden würde. Damals hatte ich überhaupt keine Kenntnis von den Vorbereitungen, die in England und Amerika im Gange waren. Als ich nicht antwortete und vielleicht zweifelnd aussah, sagten Sie mir, dass ich verstehen müsse, dass Sie sich in den letzten Jahren fast ausschließlich mit dieser Frage beschäftigt haben und sicher seien, dass es gelingen könne. Andererseits gab es von Ihrer Seite keinen Hinweis darauf, dass es Bestrebungen von deutschen Physikern gab, eine solche Anwendung der Atomwissenschaft zu verhindern. Während des Gesprächs, das wegen meiner vorsichtigen Haltung nur kurz war, habe ich dennoch viel über

> den Inhalt nachgedacht, und meine Beunruhigung wurde nicht geringer, als ich von den anderen im Institut hörte, dass Weizsäcker erklärt hatte, wie glücklich es für die Stellung der Wissenschaft in Deutschland nach dem Sieg sein würde, dass Sie [Heisenberg] so wesentlich zu diesem Zweck beitragen konnten.[63]

In Bohrs Aufzeichnungen finden sich keine Bemerkungen über etwaige moralische Skrupel deutscher Wissenschaftler, für Hitler eine Nuklearwaffe zu bauen, oder dass ihn die Möglichkeit des Baus einer Atombombe „geschockt" habe. Stattdessen bewirkten Heisenbergs Andeutungen gegenüber Bohr, dass dieser glauben musste, Deutschland stehe in absehbarer Zeit vor der Möglichkeit des Baus einer Nuklearwaffe.

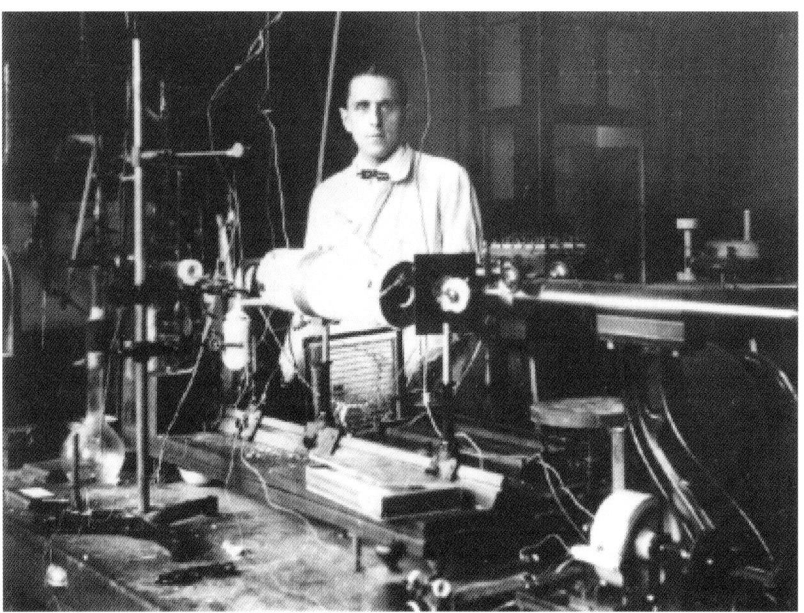

Friedrich (Fritz) Georg Houtermans 1927 im Labor des Physikalischen Instituts der Georg-August-Universität in Göttingen. Er ließ den Alliierten die Aufforderung zukommen, sich mit dem Bau einer Atombombe zu beeilen; auf deutscher Seite sei man „nahe dran". WikiMedia Commons (gemeinfrei)

63 Niels Bohr Archive, Document 10; online unter: archon.nbi.dk/tms/heisenberg/?doc=-facs11a&page=1&mode=facs_and_texts (letzter Zugriff: 5. Dezember 2020). Übersetzung ins Deutsche durch den Verfasser.

Phase 2: Während die USA alle Ressourcen mobilisieren, treten die Deutschen auf die Bremse

Die Entscheidungen, die in der Folge im Deutschen Reich und – nach deren Kriegseintritt – in den USA im Hinblick auf den Bau einer derartigen Waffe fielen, hätten unterschiedlicher nicht sein können: Während die Vereinigten Staaten nach Hitlers Kriegserklärung am 11. Dezember 1941 in der Erwartung, Deutschland arbeite an einer Atomwaffe, alle Möglichkeiten ausschöpften, um den Bau der Bombe zu ermöglichen, wurde auf deutscher Seite auf die Bremse getreten, denn nichts anderes ist aus der Entscheidung abzuleiten, das Projekt vom HWA wieder auf den RFR zu übertragen.

Den Hintergrund für diese Maßnahme bildete die veränderte Kriegslage im Dezember 1941, sprich: das Scheitern der Wehrmacht vor Moskau und der Kriegseintritt der USA. Dem Deutschen Reich stand nun ein Krieg von langer Dauer bevor; hierfür war es nicht gerüstet. Eine Konsequenz dieser bedrohlichen Lage auf deutscher Seite bestand darin, vorerst nur noch Projekte zu fördern, von denen noch im Krieg ein militärischer Nutzen zu erwarten war.

Abraham Esau in seiner Zeit als Direktor des Technisch-Physikalischen Institutes der Universität Jena (um 1930).

Die Zukunft des Uranprojekts war damit offen. Der RFR wiederum übertrug die Federführung an seine Fachsparte Physik und damit an genau jenen Mann, dem im Herbst 1939 die Leitung entzogen worden war: Abraham Esau. Heisenberg versuchte vergeblich, diese Entwicklung zu verhindern; entsprechend angespannt war das Verhältnis zwischen beiden in den kommenden Monaten.

Was dann folgte, verdeutlicht den Stellenwert, den die führenden Köpfe des NS-Regimes dem Atombombenprojekt zumaßen. Auf der 2. Wissenschaftlichen Tagung der Arbeitsgemeinschaft Kernphysik in Berlin-Steglitz am 26. Februar 1941, auf der Heisenberg „ein Meisterwerk klarer Darstellung“ vollbrachte, war keine

„Autorität des Nazi-Regimes anwesend", wie David Irving konstatierte. Irving führt das auf ein Versehen einer Sekretärin des RFR zurück, die „irrtümlicherweise die Liste der unverständlich und somit langweilig anmutenden Vorträge für das Experten-Treffen im Harnack-Haus", das ebenfalls Ende Februar stattfand, den Einladungen an Göring, Himmler, Keitel und Raeder beilegte. Das hatte zur Folge, dass alle NS-Größen absagten.[64] So verpuffte der Vortrag Heisenbergs mit Blick auf die Befehlshaber der Waffengattungen mehr oder weniger wirkungslos.

Wirkungslos blieb auch der 144 Seiten umfassende Forschungsbericht, den Diebner und seine Mitarbeiter für diese Tagung ausgearbeitet hatten. In diesem wurde zum Ausdruck gebracht, dass es möglich sei, einen Schwerwasserreaktor zu bauen, und dass auch der Bau einer Atomwaffe machbar sei. Zu den gleichen Ergebnissen kamen kurz vorher US- und britische Physiker.[65] Die Gruppe um Diebner fand aber keine Unterstützer.

Parallel machten sich der Engpass beim schweren Wasser und die mangelhafte Gewinnung des Uran-Isotops 235 negativ bemerkbar, was zur Folge hatte, dass die deutschen Bemühungen nur schleppend vorankamen.

In dieser Situation wurde Heisenberg am 4. Juni 1942 zu einer Geheimsitzung nach Berlin berufen; die Mitglieder des „Uranvereins" sollten Albert Speer, dem Reichsminister für Bewaffnung und Munition, Bericht erstatten. Es ging hier auch um die Zukunft des Projekts, hatte Göring doch zwei Monate zuvor die Order erlassen, alle Vorhaben zu stoppen, die erst in der Nachkriegszeit Bedeutung erlangen würden. Heisenberg wies in einem Vortrag, dessen Text Rainer Karlsch in einem Moskauer Archiv fand, darauf hin, dass „mit der Möglichkeit" zu rechnen sei, „dass die technische Verwertung der Atomenergie eines Tages plötzlich eine kriegsentscheidende Rolle spielen kann".[66] Für die Entwicklung einer Atomwaffe bedürfe es aber eines Atomreaktors. Damit versuchte Heisenberg, die Finanzierung des Vorhabens als Langzeitprojekt sicherzustellen.

64 Irving: „So groß wie eine Ananas", S. 88.
65 Vgl. Karlsch: Hitlers Bombe, S. 86.
66 Ebd., S. 88 f.

Nach dem Vortrag Heisenbergs entspann sich ein kurzer Dialog zwischen Erhard Milch, dem Generalluftzeugmeister, und Heisenberg, bei dem es um die mutmaßliche Größe einer Atombombe ging, die eine Stadt wie London zerstören könnte. Heisenberg soll auf die Frage mit folgendem Vergleich geantwortet haben: „So groß wie eine Ananas."[67]

Die Erwartungen, die Heisenberg damit insbesondere bei den Militärs geschürt hatte, versuchte er aber gleich wieder zu dämpfen, indem er auf die massiven wirtschaftlichen Hindernisse für den Bau einer Nuklearwaffe in der gegenwärtigen Situation hinwies. Umso mehr machte er sich für den Bau eines Atomreaktors stark.

Heisenberg erreichte mit seinem Auftritt, dass das Projekt zwar nicht eingestellt, aber nur noch halbherzig unterstützt wurde. Milch erinnerte sich, dass ihn Speer ansah „und wir beide über die Weltfremdheit und Naivität dieser Leute den Kopf schüttelten".[68]

Irving qualifizierte das Auftreten der deutschen Kernforscher auf dieser Sitzung als „krasses Versagen"; sie hätten ihr „Unvermögen" gezeigt, „Speers Phantasie zu beflügeln". Stattdessen ließen sie die Gelegenheit „ungenutzt verstreichen". Speer fragte Heisenberg und Weizsäcker danach, wie er am besten helfen könne und „wieviel Geld sie denn brauchten", woraufhin Weizsäcker „zögernd von 40.000 Reichsmark" sprach. Speer erinnerte sich später, bereits „einen Betrag von 100 Millionen Reichsmark als passend ausgedacht" zu haben, „als Weizsäckers Antwort kam".[69] Wie auch immer Weizsäckers Einlassung zu bewerten ist: Es wird deutlich, dass sich Heisenberg, Weizsäcker und ihre Mitstreiter offenbar nicht darüber im Klaren waren, in welchem Umfang sie Mittel benötigten und welche Forderungen sie zu stellen hatten. Die Diskrepanz ihrer Äußerungen – auf der einen Seiten war von einem ungewöhnlichen Forschungsaufwand die Rede, auf der anderen Seite erhoben sie unverständlich niedrige Forderungen – gab denjenigen Kräften Argumente in die Hand, die sich gegen eine Fortsetzung des Projekts im großen Maßstab aussprachen. Womöglich waren genau das die Intentionen von Heisenberg und Weiz-

67 Irving: „So groß wie eine Ananas", S. 90.
68 Ebd., S. 92.
69 Zit. n. Klaus Hoffmann: Schuld und Verantwortung. Otto Hahn: Konflikte eines Wissenschaftlers, Berlin 1987, S. 174.

säcker. Es kann deshalb nicht ausgeschlossen werden, dass sie der Übernahme von Verantwortung aus dem Weg gehen wollten. Beim Scheitern eines derartigen militärisch-industriellen Großprojekts wären sie mit ziemlicher Sicherheit zur Verantwortung gezogen worden. Tatsächlich hatte Abraham Esau, der die Arbeitsgruppe Kernphysik leitete, davor gewarnt, etwas von einer Uranbombe verlauten zu lassen. Wenn der Führer davon erführe, müssten sie damit rechnen, den Rest des Krieges hinter Stacheldraht zu verbringen, bis sie eine solche Bombe hergestellt hätten.[70] Also wagten sie erst gar nicht den großen Wurf; ihre Motive versuchten sie, wie Heisenberg, mit Blick auf die entscheidenden Weichenstellungen im Sommer 1942 mit folgenden Argumenten zu kaschieren:

> Aber der entscheidende Punkt war, dass man im Sommer 1942 in Deutschland eine andere Entscheidung getroffen hat als in Amerika. Die Entscheidung in Amerika hieß: Jetzt wissen wir, dass man Atombomben machen kann, also höchste Anstrengung für dieses Ziel. In Deutschland dagegen hieß es: Dazu reicht das deutsche Rüstungspotenzial sowieso nicht, und der Krieg wird höchstwahrscheinlich zu Ende sein, bevor solche Waffen eine Rolle spielen – also machen wir es überhaupt nicht.

Und mit Blick auf Irving und dessen Ergebnisse, die auf einem „gewissenhaften Quellenstudium“ basierten, das auch Heisenberg nicht abstreiten konnte, äußerte der Nestor der deutschen Atomwissenschaft folgende Einlassung:

> Wenn es um die Motive geht, gerät Irving in Schwierigkeiten. Er müsste dazu eine intime Kenntnis der psychologischen Situation in einem totalitären, kriegführenden Staat besitzen [...]. Und da ist er nicht ganz der Gefahr entgangen, die hier entstandene Lücke mit Klischeevorstellungen auszufüllen. Ein beliebtes Klischee, das sicher noch eine Zeitlang die Meinungen beeinflussen wird, ist ja der Wettlauf um die Atombombe ...[71]

Was Heisenberg hier zum Ausdruck bringen wollte, und warum diese Geheimsitzung in Berlin einen Wendepunkt im deutschen „Uranprojekt“ darstellte, ist die Tatsache, dass nach dieser Sitzung das Ziel, so etwas wie eine deutsche Nuklearwaffe zu entwi-

70 Irving: Traum, S. 134.
71 o. A.: „Gott sei Dank, wir konnten sie nicht bauen“; in: Der Spiegel 28/1967, S. 82.

ckeln, fallen gelassen wurde. Es endete damit auch die Federführung durch das HWA. In der darauffolgenden zweiten Phase ging es dann um das Ziel der Entwicklung eines Uranreaktors. Vor diesem Hintergrund ist es zutreffend, wenn Heisenberg darauf verweist, dass der „Wettlauf um die Atombombe" ein „beliebtes Klischee" sei. Tatsächlich gab es diesen „Wettlauf" ab Mitte 1942 nicht mehr.[72]

Stattdessen wurde in der Folge mit aller Macht eine andere „gigantische Vision" gefördert, nämlich das vom militärischen Effekt her enttäuschende A4/V2-Programm. Hier wurden rund zwei Milliarden Reichsmark – ca. vier Milliarden Euro – mobilisiert.[73] Wie die „V-2-Leute" vorgingen, beschreibt Speer mit Blick auf seinen Bericht für Hitler über das Harnack-Haus-Treffen, das er mit Blick auf die Möglichkeit einer Atomwaffe betont kurzhielt:

> Der Grund war, dass ich meinen Chef kannte: Als die V-2-Leute – es war ein Fehler, zuzulassen, dass sie ihre Sache selber vortrugen – mit ihren Plänen Gehör fanden, kam eine Lawine auf uns zu. Um eine solche Welle von Befehlen zu vermeiden, habe ich das Atomprojekt nicht so groß dargestellt, sondern ganz zurückhaltend darüber berichtet. Der Führer reagierte wunschgemäß: Er tat das ab.[74]

Zum Vergleich: Die Kosten des US-amerikanischen „Manhattan Project" beliefen sich auf knapp zwei Milliarden US-Dollar (in heutiger Kaufkraft ca. 23 Milliarden US-Dollar); ca. 125.000 Mitarbeiter wurden für das Projekt mobilisiert.[75] Der Löwenanteil der Kosten entfiel dabei auf die Urananreicherung, die für jene Bombe benötigt wurde, die schließlich über Hiroshima abgeworfen wurde. Mit Blick auf diesen immensen Aufwand waren die Möglichkeiten im Hinblick auf die Entwicklung einer Uranbombe durch das Deutsche Reich eher gering. Die Plutoniumbombe, die über Nagasaki abgeworfen wurde, hätte aber im Bereich des Möglichen ge-

72 Vgl. hierzu Martin Trömel: „Otto Hahn und die Kaiser-Wilhelm-Gesellschaft im Zerrspiegel neuerer Kritik"; online unter: core.ac.uk/download/pdf/14502156.pdf, S. 10 (letzter Zugriff: 15. Dezember 2020).

73 Vgl. Niklas Reinke: Geschichte der deutschen Raumfahrtpolitik, München 2004, S. 34.

74 o. A.: „Die Forscher verlangten zu wenig Geld"; in: Der Spiegel 28/1967; online unter: spiegel.de/politik/die-forscher-verlangten-zu-wenig-geld-a-9b3b0ec8-0002-0001-0000-000046214182 (letzter Zugriff: 1. August 2022).

75 Vgl. Bruce C. Reed: The History and Science of the Manhattan Project, 2. Aufl., Berlin u. Heidelberg 2019, S. 1 f.

legen. Popp hat hier Kosten von 17 Millionen Dollar (70 Millionen Reichsmark) pro Bombe errechnet. Für die Hälfte der Kosten des deutschen Raketenprogramms hätte eine Kapazität von zehn Plutoniumbomben pro Jahr realisiert werden können. Hinreichend Uran war vorhanden, konnten die Deutschen doch über große Mengen verfügen, die in Belgien beschlagnahmt worden waren.[76]

Der Vorsprung, den die deutschen Kernphysiker im Sommer 1942 noch gehabt haben mochten, schmolz nach dem Treffen im Harnack-Haus sehr rasch zusammen und verwandelte sich mit Blick auf die Arbeiten in den USA bald in einen Rückstand. Dieser Rückstand resultierte auch aus den Meinungsverschiedenheiten zwischen Diebner und Heisenberg, die auf das ganze Projekt

Uranwürfel an Ketten im Modell des Reaktors Haigerloch.

abstrahlten. So weigerte sich Heisenberg zum Beispiel, eine wegweisende Idee Diebners zu berücksichtigen. Während Heisenberg in Berlin-Dahlem mit Uranplatten experimentierte, um eine kritische Kettenreaktion zu erzielen, arbeitete Diebner in Kummersdorf mit Uranwürfeln und erzielte damit in gefrorenem Schwer-

76 Manfred Popp: „Langsame oder schnelle Neutronen?"; online unter: fu-berlin.de/sites/offenerhoersaal/service/archiv/ws-2018-19-lise-meitner-material/Mythos-Atombombe-121218.pdf (letzter Zugriff: 5. Dezember 2020).

wasser unerwartet gute Ergebnisse. Heisenberg indes verweigerte Diebner die Anerkennung und arbeitete zunächst mit Uranplatten in flüssigem Schwerwasser weiter.

Ende Juni 1942 kam es in Leipzig zu einem Reaktorunfall infolge einer Neutronenvermehrung, die in dieser Form weltweit zum ersten Mal stattfand. Für die „Uranmaschine" waren 750 kg Uranpulver und 140 kg schweres Wasser in zwei miteinander verschraubte Halbkugeln aus Aluminium gefüllt und diese in einem Wassertank versenkt worden. Das Experiment schien zunächst erfolgreich zu verlaufen, konnten doch mehr Neutronen erzeugt als verbraucht werden. Dann erwärmte sich die Kugel, explodierte und setzte den Raum mit brennendem Uran in Brand. Von den anwesenden Personen – darunter Heisenberg und das Ehepaar Klara und Robert Döpel – kam niemand zu Schaden. Der Brand konnte unter Anleitung Robert Döpels gelöscht werden. Ausgelöst wurde der Brand durch Wasser, das in die Uranschicht sickerte; das hatte die Bildung von Knallgas zur Folge gehabt, das mit dem Uran verpufft war. Festzuhalten ist, dass keine Kettenreaktion stattgefunden hatte.

In der Zwischenzeit hatten auf Seiten der Briten, die über die Vorgänge in Deutschland bestens informiert waren, Planungen eingesetzt, die Kriegsgegner mit Blick auf ihr Atomprogramm an ihrer empfindlichsten Stelle zu treffen, nämlich bei der Versorgung mit schwerem Wasser. Eine der Hauptquellen des britischen Auslandsgeheimdienstes MI6 war der in Graz geborene Paul Rosbaud, Redakteur der Zeitschrift „Naturwissenschaften". Der Bruder des Dirigenten Hans Rosbaud kannte durch seine Arbeit etliche Wissenschaftler in Deutschland; als vorgeblicher Nationalsozialist versorgte er die Alliierten mit wichtigen Geheimdienstinformationen, so auch über das deutsche Atomprogramm. Die Briten reagierten, wohl auch wegen dieser Informationen, mit einem Kommandounternehmen gegen die norwegische Schwerwasserfabrik von Norsk Hydro.

Ende Februar 1943 gelang es im Rahmen der Operation „Gunnerside" acht norwegischen Widerstandskämpfern, in das Schwerwasserwerk von Norsk Hydro einzudringen und etliche Elektrolysezellen, mit denen das schwere Wasser separiert wurde, durch Sprengsätze zu zerstören. Zudem wurde eine große Men-

Das Vemork-Wasserkraftwerk in Rjukan, Norwegen. Im vorderen Gebäude, der Wasserstoffproduktionsanlage von Norsk Hydro, sprengte ein norwegisches SOE-Team am 27. Februar 1943 die Produktionszellen für schweres Wasser in die Luft, um die Bemühungen des deutschen Atomenergieprojekts im Zweiten Weltkrieg zu sabotieren (Operation „Gunnerside").

WikiMedia Commons / Anders Beer Wilse, Galleri Nor (gemeinfrei)

ge bereits produzierten schweren Wassers vernichtet. Das war der erste schwere Schlag gegen das „Uranprojekt". Mitte November 1943 wurde die Anlage von Norsk Hydro dann durch britische Bomberverbände endgültig zerstört. Auch der Versuch, das restliche schwere Wasser nach Deutschland in eine zu diesem Zeitpunkt fast fertiggestellte Anlage der Leunawerke zu überführen, wurde auf dem Transport durch norwegische Widerstandskämpfer vereitelt. Ein Großteil der Schwerwasserfässer ging verloren. Doch damit nicht genug: Wenig später zerstörte ein britischer Luftangriff auf Frankfurt am Main die Degussa-Werke und deren Uranproduktionsanlagen. Im August 1944 wurden auch die Leunawerke getroffen, und die I.G. Farben zeigte in der Folge kein weiteres Interesse an der Produktion von schwerem Wasser. Damit war zum Sommer 1944 die gesamte deutsche Uran- und Schwerwasserproduktion nahezu zum Erliegen gekommen.

Zu all dem kamen sich immer weiter steigernde Bombenangriffe, die unter anderem dazu führten, dass das KWI für Physik aus Berlin-Dahlem nach Hechingen verlagert werden musste, und persönliche Rivalitäten, von denen sich die zwischen Heisenberg und Diebner wohl am nachteiligsten auswirkte. Diebner in Kummersdorf, der mit Uranwürfeln eine höhere Neutronenausbeute erzielen konnte, aber auch Paul Harteck und Manfred von Ardenne, der im Sommer 1944 einen elektromagnetischen Isotopentrenner baute – ähnlich dem, den die Amerikaner in ihrer Anlage in Oak Ridge hatten, aus der sie dann das spaltbare U-235 bezogen[77] –, waren erfolgreicher als Heisenberg und seine Gruppe. Sie wurden aber, wie der Journalist Martin Doerry im „Spiegel" festhielt, von Heisenberg als „bloße Praktiker und lästige Kon-

Manfred von Ardenne baute an einem Isotopentrenner, der dem der US-Amerikaner in Oak Ridge ähnelte.

77 Irving: „So groß wie eine Ananas", S. 100.

Nachbau des Reaktors im Atomkeller-Museum Haigerloch.

kurrenten abgetan".[78] Weder Heisenberg noch Weizsäcker, so Doerry, schienen „der organisatorischen Aufgabe" eines derartigen Großprojekts gewachsen zu sein.

Heisenberg fokussierte sich in den letzten Jahren – eine Folge der Entscheidungen Speers im Nachgang der Geheimsitzung am 4. Juni 1942 – wie erwähnt nicht mehr auf eine mögliche Atombombe, sondern nur auf den Bau eines Forschungsreaktors, zuletzt, nach der Evakuierung des KWI für Physik, in Haigerloch bei Hechingen. Dort fand auch der letzte Großversuch statt, der zwar nahe an den kritischen Punkt kam, diesen aber nicht erreichte. US-Truppen beendeten dann die Aktivitäten der Haigerlocher Gruppe um Heisenberg.

78 Martin Doerry: „Zweite Klasse"; in: Der Spiegel 4/2015, S. 22.

Das Reaktorinnere im Modell des Reaktors Haigerloch, oben die hängenden Uranwürfel.

Manfred Popp kommt in einer Analyse[79] zu dem Ergebnis, dass in Deutschland nie ein funktionsfähiger Reaktor in Betrieb gegangen sei und damit auch nicht ernsthaft an einer Atomwaffe gearbeitet werden konnte. Damit relativieren sich aus seiner Sicht auch zwei Legenden, die mit Blick auf eine deutsche Nuklearwaffe seit Kriegsende kursieren, nämlich zum einen die Behauptung, eine deutsche Atombombe sei ökonomisch nicht realisierbar gewesen, und zum anderen die Legende, deutsche Wissenschaftler hätten passiven Widerstand geleistet, um den Bau einer derartigen Waffe für das NS-Regime zu verzögern oder zu verhindern.

79 Manfred Popp:„Hitlers Atombombe – warum es sie nicht gab"; in: Spektrum – Die Woche 38/2016; online unter: spektrum.de/news/hitlers-atombombe-warum-es-sie-nicht-gab/1423529 (letzter Zugriff: 15. Dezember 2020).

Nachbildung der Schwerwassertanks des Reaktors Haigerloch.

Die Farm-Hall-Protokolle, auf die weiter unten noch eingegangen wird, belegten, dass den „Mitgliedern des Uranvereins" die „Funktionsweise einer nuklearen Explosion fremd" war. Und mit Blick auf Heisenberg hält Popp fest, dass er während des Krieges offenbar „nicht einmal eine Woche lang ernsthaft über die Physik der Bombe nachgedacht" habe. Dieses Nachdenken setzte nach allem, was bekannt ist, wohl erst in der Internierung in Farm Hall ein.

Die mögliche Entwicklung einer nuklearen Hohlladung

Doch damit ist die Geschichte der deutschen Atombombe keineswegs vollständig erzählt. Mit dem Amtsantritt von Walther Gerlach, der am 1. Januar 1944 die Nachfolge von Abraham Esau antrat, nahm die „gigantische Vision" Nuklearwaffe nämlich offenbar noch einmal an Fahrt auf, und zwar sowohl auf dem Gebiet des Reaktorbaus als auch auf dem Gebiet nuklearer Hohlladungen.

Dass die Diskussion über nukleare Hohlladungen überhaupt in Gang gekommen ist, ist dem bereits des Öfteren zitierten Historiker Rainer Karlsch zu verdanken. Mithilfe nuklearer Hohlladungen, die auf dem Implosionsverfahren basierten, sei es auf deutscher Seite gelungen – so seine These –, subkritische Mengen von Spaltmaterial zur Kernspaltung zu bringen. Mit den US-Atombomben, die über Hiroshima und Nagasaki abgeworfen wurden, können diese Bomben indes nicht verglichen werden; sie waren bestenfalls „taktische Nuklearwaffen". Die Arbeiten an dieser Waffe waren Heisenberg und Weizsäcker offenbar unbekannt.

Es waren vor allem die grundlegenden theoretischen Arbeiten von Adolf Busemann und Gottfried Guderley von der Luftfahrtforschungsanstalt Braunschweig, die eine neue, innovative Arbeitsrichtung in der Kernphysik eröffneten. Sie zeigten eine Möglichkeit auf, wie mithilfe von Schockwellen Druck- und Temperatursprünge in einem kleinen Bereich um das Konvergenzzentrum herum erreicht werden konnten. Die Forschungen von Guderley und Busemann trugen dazu bei, dass erstmals über Temperaturspitzen nachgedacht werden konnte, die, so formuliert es Karlsch, wie eine „Zündkerze" in einem Fusionsmaterial wirken sollten.[80] Über Walther Gerlach und Carl Ramsauer, beide Mitglieder der Akademie der Luftfahrtforschung, gelangten diese Erkenntnisse zu den Kernphysikern. Forschungsgruppen des Heereswaffenamtes um Erich Schumann und Walter Trinks (Leiter des Referats Sprengphysik und Hohlladungen im HWA) sowie des Marinewaffenamtes hätten daraufhin versucht, eine Kernfusionsreaktion mittels des Hohlladungseffektes einzuleiten.

Fortan stand nach Karlsch die Frage im Raum, inwieweit sich die enorme Energiekonzentration im Strahl einer detonierenden Hohlladung für einen nuklearen Effekt ausnutzen lasse. Nachdem die Wissenschaftler des HWA mit großen Hohlkugeln Erfahrungen sammeln konnten, versuchten sie es mit etwas kleineren Anordnungen. Hier erwies sich die Verwendung von zylindrischen Druckgefäßen als erfolgversprechend.

In der V-Waffen-Fertigung kam es nach dem britischen Luftangriff auf die Heeresversuchsanstalt Peenemünde Mitte August 1943 zu einer grundlegenden Neuorganisation. Überdies trat die SS mit Nachdruck auf den Plan. Im Zuge dieser Neuorganisation war nun

80 Karlsch: Hitlers Bombe, S. 143 f.

das Rüstungsministerium unter Albert Speer für technische Fragen zuständig. Die Verantwortung für Produktion und Fertigung, die unter Tage verlagert werden sollten, wurde dem Reichsführer SS Heinrich Himmler übertragen, der den Bauingenieur und Waffen-SS-General Hans Kammler zum „Sonderbeauftragten" für das A4-Programm ernannte.

Der „Uranverein" nahm sich auf Betreiben Gerlachs des Themas an. Um die Hohlladungsforschungen zu flankieren, stellte er an seinem Münchener Institut eine Arbeitsgruppe zusammen. Die SS zeigte mit Beginn des Jahres 1944 steigendes Interesse an der kernphysikalischen Forschung. Himmler machte dabei sogar vor der Idee nicht halt, jüdische Physiker und Chemiker, die im KZ einsaßen, heranzuziehen. So entstand unter anderem im KZ Sachsenhausen ein „mathematisches Institut", wie Karlsch schreibt.[81] Der Arbeitsschwerpunkt lag wohl auf Berechnungen zum Raketenprogramm; aber auch an der Hohlladungsforschung wurde gearbeitet[82], und zwar offenbar mit Erfolg.

Kurt Diebner und seinen Mitarbeitern soll es nämlich unter SS-Regie in Ohrdruf am 12. März 1945 gelungen sein, eine unterkritische Masse in einer Bombe nach dem Hohlladungsprinzip zur Explosion zu bringen. Karlsch zieht mit Blick auf diese Bombe den Vergleich zu einer taktischen Kernwaffe. Erfahrungen hätten sie bei einem früheren Nukleartest gesammelt, der im Sperrgebiet der Halbinsel Bug auf Rügen am 12. Oktober 1944 stattfand. Ein Zeuge dieses Tests sei der im Auftrag von Mussolini anwesende italienische Journalist Luigi Romersa gewesen. Er habe angegeben, nach einem Lichtblitz zerbrochene Bäume, verkohlte Versuchstiere und zerstörte Häuserattrappen gesehen zu haben.

Die Heisenberg-Gruppe war laut Karlsch über Nukleartests unter Regie der SS nicht informiert. Dass Karlsch ein differenzierteres Bild von den Arbeiten an einer deutschen Nuklearwaffe zeichnen konnte, liegt daran, dass er in Moskau bis dahin nicht ausgewertetes Archivmaterial einsehen konnte. Auch Heisenbergs in einer

81 Ebd., S. 195.

82 Ebd., S. 196; siehe im Folgenden auch: Wolfgang G. Schwanitz: „Rezension zu: Karlsch, Rainer: Hitlers Bombe. Die geheime Geschichte der deutschen Kernwaffenversuche. München 2005", H-Soz-Kult vom 20. Mai 2005; online unter: hsozkult.de/publicationreview/id/reb-7382 (letzter Zugriff: 15. Dezember 2021).

Museum Stadtilm: Bereits im August 1943 richtete die Forschungsgruppe um Kurt Diebner ein Kernforschungslabor in den Kellergewölben der damaligen Mittelschule von Stadtilm ein. Dieses Labor bestand bis Anfang April 1945, als Diebner und seine Mitarbeiter angesichts der nahenden Alliierten mit ihren Forschungsergebnissen Richtung Bayern flohen.

Einlassung erwähnten „Ananas"-Vergleich,[83] der als verschollen galt, fand er in dortigen Archiven. In sowjetischen Spionageberichten ist die Rede von einem zweiten Ohrdrufer Kernwaffentest vom 12. März 1945. Es habe dort zwei Explosionen gegeben, die innerhalb eines halben Kilometers alles zerstört hätten. Von Gefangenen im Zentrum habe es danach keine Spur mehr gegeben.

83 Vgl. Anm. 67.

Diebner, der mit seinem Spezialwissen für die Alliierten mit Sicherheit von Interesse gewesen wäre, musste sich, so Karlsch, offenbar wegen dieser Toten nach dem Krieg im Hintergrund halten. Viele andere deutsche Wissenschaftler hingegen konnten ihre Arbeit in den USA, der Sowjetunion und auch Frankreich fortsetzen.

Operation „Epsilon", Farm Hall und die Mär von den moralischen Skrupeln

Die USA forcierten in der Zeit von Ende 1943 bis Ende 1945 bis über das Kriegsende hinaus Geheimdienstaktivitäten, mit denen aufgehellt werden sollte, ob es ein deutsches Projekt zum Bau einer Nuklearwaffe gab, und wenn ja, wer die beteiligten Wissenschaftler waren und wie weit deren Bemühungen gediehen waren. Der Codename dieser Aktivitäten lautete „ALSOS"; hinter diesem Namen verbargen sich drei US-Geheimdienst-Missionen. Wie das „Manhattan Project" standen auch die „ALSOS"-Missionen unter strenger Geheimhaltung, auch gegenüber den Kriegsverbündeten. Sie wurden von einem militärischen Team unter der Leitung von Oberstleutnant Boris Pash zusammen mit einem wissenschaftlichen Team unter der Leitung des Physikers Samuel Goudsmit[84] durchgeführt. Es gab drei Missionen: „ALSOS I" in Italien, „ALSOS II" in Frankreich und „ALSOS III" in Deutschland.

Im Rahmen dieser Mission sollte die Operation „Epsilon", die gegen Ende des Zweiten Weltkrieges startete, US Amerikanern und Briten einen Überblick über den Stand der deutschen Kernphysikforschung verschaffen. Kurz vor Kriegsende wurden zehn führende deutsche Kernphysiker, darunter Heisenberg, Gerlach, Hahn, Weizsäcker, Diebner, Laue und Harteck, für ein halbes Jahr auf dem englischen Landsitz Farm Hall interniert. Ihre Gespräche wurden in dieser Zeit abgehört und protokolliert. Augenfällig waren bei dem Wiederzusammentreffen der zehn Wissenschaftler die Spannungen zwischen den Mitarbeitern Heisenbergs und den Mitgliedern der Gruppe Diebner, dem vorgeworfen wurde, er habe sich

84 Eigentlich Samuel Abraham Goudschmidt (* 11. Juli 1902 in Den Haag, Niederlande; † 4. Dezember 1978 in Reno, Nevada, USA); US-amerikanischer Physiker niederländisch-jüdischer Herkunft, der in den USA seinen Nachnamen in Goudsmit änderte.

als Referent des HWA von der SS instrumentalisieren lassen. Über den Stand der amerikanischen Atomwaffenentwicklung wurden sie bewusst im Unklaren gelassen; Goudsmit erklärte gegenüber Heisenberg, die Amerikaner hätten ihre Prioritäten in der Entwicklung des Radars gesehen.[85]

Dass sie abgehört worden waren und auch Abschriften ihrer Gespräche existierten, haben die deutschen Physiker angeblich erst 1962 erfahren, als Leslie R. Groves, militärischer Leiter des „Manhattan Project", seine Memoiren veröffentlichte. Diese Version ist indes korrekturbedürftig. Rainer Karlsch machte deutlich, dass „allzu weitreichende Schlüsse" aus den Farm-Hall-Protokollen „nicht gezogen werden" sollten[86], weil die dort internierten deutschen Wissenschaftler „ahnten, dass sie abgehört wurden". So erklärte zum Beispiel Weizsäcker: „Wenn es etwas gibt, was die

Farm Hall in Godmanchester, England (unbek. Datum).
WikiMedia Commons / NARA (gemeinfrei)

Engländer besser nicht hören, gehen wir in den Garten." Karlsch erklärte die Motivlage der meisten deutschen Wissenschaftler, in Farm Hall auch detailliert über technische Fragen zu reden, mit dem Interesse, „mit Billigung der Sieger" an der „Uranmaschine"

85 Vgl. Richard von Schirach: Die Nacht der Physiker. Heisenberg, Hahn, Weizsäcker und die deutsche Atombombe, 5. Aufl., Berlin 2013, S. 23–26.
86 Karlsch: Hitlers Bombe, S. 267.

weiterarbeiten zu können. Das galt allerdings nicht für Gerlach und Diebner, die kein Interesse daran haben konnten, dass ihr Nuklearwaffentest in Ohrdruf, dem eine Reihe von Menschen zum Opfer gefallen war, bekannt wurde. Alle relevanten Forschungsunterlagen konnten vernichtet werden. Dem britischen Geheimdienst fiel rasch die Spannung zwischen Heisenberg und Weizsäcker auf der einen sowie Diebner und Bagge auf der anderen Seite auf; insbesondere Diebner galt als „Nazi".

Sowohl Goudsmit in seinem 1947 veröffentlichten Buch „Alsos" als auch Groves verbreiteten das Narrativ, die deutschen Physiker hätten den Bau einer Nuklearwaffe nicht aus moralischen Skrupeln, sondern aufgrund fachlicher Defizite nicht realisiert. Möglicherweise diente dieses Narrativ auch dazu, die Rechtfertigungen der deutschen Seite nach dem Krieg unglaubwürdig erscheinen zu lassen.[87] Hier hatte sich insbesondere Weizsäcker zu der Aussage verstiegen, deutsche Physiker hätten aus moralischen Gründen keine Atombombe gebaut; hätten sie wirklich einen Sieg Deutschlands gewünscht, wären sie auch erfolgreich gewesen.[88]

Mark Walker sieht die Farm-Hall-Aufzeichnungen von einem „Tabu" überlagert, nämlich von der Möglichkeit, dass „*kompetente* und sogar *talentierte* Naturwissenschaftler *bereitwillig* und *in voller Absicht* zugunsten der Nationalsozialisten an Massenvernichtungswaffen arbeiteten". Ein „Großteil der Kontroverse um die deutsche Atombombe" habe ihre Ursache in ebendiesem „Tabu".[89] Vor diesem Hintergrund ist wohl auch die Weizsäcker-Einlassung in Farm Hall zu verstehen, man habe den Erfolg nicht gewollt. Erich Bagge wies diese Behauptung als „absurd" zurück; diese möge auf Weizsäcker zugetroffen haben, nicht aber „auf uns alle".[90]

Das Bekanntwerden des Abwurfs einer Uran- und einige Tage später einer Plutoniumbombe über Hiroshima (6. August 1945) und Nagasaki (9. August) löste unter den internierten deutschen Physikern starke Reaktionen aus – so unter anderem mit Blick auf die Unzulänglichkeiten des „Uranvereins" und die Frage, wer diese zu verantworten gehabt habe.

87 So jedenfalls Walker: Selbstreflexionen, S. 520.
88 Ebd., S. 521.
89 Ebd., Hervorhebungen im Text.
90 Ebd., S. 534.

Weizsäcker verbreitete ein Narrativ, das die Involvierung deutscher Physiker und damit auch seiner Person in den Bau einer Atombombe für Hitler entschärfen sollte; dabei verstieg er sich, politisch korrekt *avant la lettre*, zu folgendem Kommentar:

> Die Geschichte wird berichten, dass die Amerikaner und Engländer eine Bombe bauten und dass zur gleichen Zeit die Deutschen unter dem Hitler-Regime einen funktionsfähigen Kernreaktor herstellten. Mit anderen Worten: die friedliche Entwicklung der Uranmaschine erfolgte in Deutschland unter dem Hitler-Regime, während die Amerikaner und Engländer diese entsetzliche Kriegswaffe entwickelten.[91]

Es war der Journalist Robert Jungk (*recte* Robert Baum), der diese Lesart in seinem Buch „Heller als tausend Sonnen" kolportieren und damit die Mythenbildung um die Intentionen der deutschen Kernphysiker um Heisenberg und Weizsäcker im Hinblick auf den Bau einer deutschen Atombombe noch bis in die 1960er-Jahre hinein befeuern sollte. Offenbar sah Jungk in Heisenberg und Weizsäcker anfänglich moralisch integre Wissenschaftler, die über jeden Zweifel erhaben waren. Ein Urteil, das er später revidierte und feststellte:

> Ich kann mich allerdings nicht von der Schuld freisprechen, damals geglaubt zu haben, was ich nur zu gerne glauben wollte. Dass nämlich, wie Heisenberg es einmal in einem Brief an mich ausdrückte, „anständige Menschen" an einer solchen schrecklichen Waffe nicht hatten mitwirken wollen und können. Aber die wirkliche Geschichte ist leider keine Geschichte der frommen Legenden und aufrechten Helden.[92]

Das „Manhattan Project": „Potenzialgewinn" als Folge der Vertreibung jüdischstämmiger Wissenschaftler von deutschen Universitäten

Das Deutsche Reich war bis zum Machtantritt der Nationalsozialisten auf vielen naturwissenschaftlichen Gebieten führend gewesen, allein der Wissenschaftszweig Physik brachte bis 1933 elf deut-

91 Ebd., S. 536.
92 Robert Jungk: Trotzdem. Mein Leben für die Zukunft, München u. Wien 1993, S. 300.

sche Nobelpreisträger hervor. Mit Recht kann deshalb von einem „Goldenen Zeitalter“ der Physik[93] gesprochen werden, das auch durch das Trauma des verlorenen Ersten Weltkrieges und der damit verbundenen Konsequenzen nicht unterbrochen wurde. Vor diesem Hintergrund war es nicht wirklich überraschend, dass die Atomphysik bis weit in die 1930er-Jahre entscheidende Anstöße aus Deutschland erhielt.

Diese Führungsrolle ging in der Zeit des Nationalsozialismus verloren, was noch während des Zweiten Weltkrieges angesprochen wurde. Konnte die führende Position zunächst noch verteidigt werden, weil auf bewährte organisatorische Strukturen aufgebaut werden konnte, änderte sich das Bild, als es in der Physik zunehmend um die Realisierung kostenintensiver und organisationsaufwendiger Großforschungsprojekte ging, wozu auch und gerade die kernphysikalische Forschung zu zählen ist. Von nachhaltig negativer Konsequenz war die Entlassung jüdischstämmiger oder politisch „unzuverlässiger“ Wissenschaftler bei Machtantritt der Nationalsozialisten bis hin zur Verkündung der Nürnberger Rassengesetze 1935. Auf die entlassenen Lehrstuhlinhaber folgten in der Regel minderqualifizierte, aber „politisch zuverlässige“ Personen – oder die Lehrstühle blieben unbesetzt.

Philipp von Lenard, einer der Exponenten der „Deutschen Physik“.

Aber es ging nicht nur um Personen, sondern auch um Forschungsinhalte oder Curricula. Hierfür stehen die beiden Nobelpreisträger Philipp von Lenard und Johannes Stark mit ihren Vorstellungen von einer „Deutschen Physik“ (auch „Arische Physik“), die sich insbesondere gegen die theoretische Physik und ihre Vertreter Einstein und Heisenberg richtete. Für die Relativitätstheorie und Quantenmechanik prägten sie den Kampfbegriff „jüdische Physik“. Heisenberg, aber auch Max von

93 Vgl. u. a. Albert Einstein u. Arnold Sommerfeld: Briefwechsel. 60 Briefe aus dem goldenen Zeitalter der modernen Physik, Basel 1968.

Laue oder Max Planck sahen sich als „weiße Juden in der Wissenschaft“ an den Pranger gestellt. Diese Anfeindungen ebbten erst mit Ausbruch des Zweiten Weltkrieges und dem steigenden Interesse der Wehrmacht an den Anwendungsmöglichkeiten der modernen Physik ab, die nun zunehmend in den Dienst militärischer Interessen genommen wurde. Das betraf auch das damals gerade aufkommende Gebiet der Kernspaltung. Erst zu diesem Zeitpunkt endeten die Angriffe gegen Heisenberg durch die Vertreter der „Deutschen Physik“.

Dennoch bedeutete der erzwungene Abgang vieler renommierter Naturwissenschaftler einen nicht mehr zu kompensierenden Aderlass. Auf der Salzburger Rektorenkonferenz 1943 wagte beispielsweise der Freiburger Rektor Wilhelm Süss, dieses Thema anzusprechen, das ihm in dieser Deutlichkeit einige Jahre vorher mit Sicherheit in größte Schwierigkeiten gebracht hätte; er wies nämlich darauf hin, „daß wir [...] mit den ins feindliche Ausland gegangenen wissenschaftlichen Emigranten der Gegenseite einen nicht unbeträchtlichen Potentialgewinn geliefert haben“.[94] In der Regel handelte es sich bei diesem „feindlichen Ausland“ um Großbritannien oder die USA, zu deren Kriegsanstrengungen die Emigranten mittels Wissenstransfer in zum Teil erheblichem Maße beitrugen.

Es ließ sich in dieser Phase des Krieges nicht mehr leugnen, dass die (West-)Alliierten auf kriegsentscheidenden Forschungsgebieten (neben der Kernphysik ist hier Radar[95], aber auch die Entschlüsselungstechnik[96] zu nennen) nicht nur aufgeschlossen, sondern Deutschland überholt hatten. Süss war nicht der Einzige, der in dieser Situation vergleichsweise kritische Worte fand. Bereits im Sommer 1942 erklärte Göring, nachdem er die Leitung des neu gegründeten „zweiten“ Reichsforschungsrates (RFR) übernommen hatte, es sei falsch, bedeutende Forscher wegen ihrer jüdischen Herkunft oder wegen einer jüdischen Ehefrau zu entlassen.[97]

Weder Göring noch Süss wussten, in welchem Maße insbesondere im Hinblick auf das US-amerikanische „Manhattan Project“

94 Zit. n. Michael Grüttner u. Sven Knas: „Die Vertreibung von Wissenschaftlern aus den deutschen Universitäten 1933–1945“; in: VfZ 1/2007, S. 123–186, hier S. 150.
95 Siehe hierzu Kapitel „Der Hochfrequenzkrieg“.
96 Siehe hierzu Kapitel „Die ‚Wunderwaffe‘ unter den Schlüsselmaschinen“.
97 Grüttner u. Knas: „Vertreibung“, S. 151.

Der Atombombenabwurf auf Nagasaki am 9. August 1945.
WikiMedia Commons / NARA (gemeinfrei)

TRIPLICATE
(To be given to declarant)

No. 1442

UNITED STATES OF AMERICA

DECLARATION OF INTENTION

(Invalid for all purposes seven years after the date hereof)

United States of America
District of New Jersey } ss: In the District Court of The United States at Trenton, N. J.

I, Dr. Albert Einstein (Full true name, without abbreviation, and any other name which has been used, must appear here)
now residing at 112 Mercer St., (Number and street) Princeton (City or town) Mercer (County) N.J. (State)
occupation Professor, aged 56 years, do declare on oath that my personal description is:
Sex Male, color White, complexion Fair, color of eyes Brown
color of hair Grey, height 5 feet 7 inches; weight 175 pounds; visible distinctive marks none
race Hebrew; nationality German
I was born in Ulm (City or town) Germany (Country), on March (Month) 14 (Day) 1879 (Year)
I am married. The name of my wife ~~or husband~~ is Elsa
we were married on April (Month) 6th (Day) 1917 (Year), at Berlin (City or town) Germany (State or country); she or he was born at Hechingen (City or town) Germany (State or country), on January (Month) 18, (Day) 1877 (Year), entered the United States at New York (City or town) N.Y. (State), on June (Month) 3, (Day) 1935 (Year), for permanent residence therein, and now resides at With me (City or town) (State or country). I have 2 children, and the name, date and place of birth, and place of residence of each of said children are as follows: Albert born 5-14-1905 and Eduard born 6-28-1910 both born and reside in Switzerland

I have not heretofore made a declaration of intention: Number ...., on .... (Date)
at .... (City or town) (State) (Name of court)
my last foreign residence was Bermuda (City or town) Great Britain (Country)
I emigrated to the United States of America from Bermuda (City or town) Great Britain (Country)
my lawful entry for permanent residence in the United States was at New York (City or town) N.Y. (State)
under the name of Albert Einstein, on June (Month) 3, (Day) 1935 (Year)
on the vessel SS Queen of Bermuda (If other than by vessel, state manner of arrival)

I will, before being admitted to citizenship, renounce forever all allegiance and fidelity to any foreign prince, potentate, state, or sovereignty, and particularly, by name, to the prince, potentate, state, or sovereignty of which I may be at the time of admission a citizen or subject; I am not an anarchist; I am not a polygamist nor a believer in the practice of polygamy; and it is my intention in good faith to become a citizen of the United States of America and to reside permanently therein; and I certify that the photograph affixed to the duplicate and triplicate hereof is a likeness of me: So HELP ME GOD.

Albert Einstein
(Original signature of declarant without abbreviation, also alias, if used)

Subscribed and sworn to before me in the office of the Clerk of said Court, at Trenton, N. J. this 15th day of January anno Domini 1936. Certification No. 3-120742 from the Commissioner of Immigration and Naturalization showing the lawful entry of the declarant for permanent residence on the date stated above, has been received by me. The photograph affixed to the duplicate and triplicate hereof is a likeness of the declarant.

George T. Cranmer
[SEAL] Clerk of the U. S. District Court.
By [signature], Deputy Clerk.

Albert Einstein

(The seal of the court will be impressed so as to cover a portion of the photograph)

No. 5773

Form 2202—L-A
U. S. DEPARTMENT OF LABOR
IMMIGRATION AND NATURALIZATION SERVICE

14—2623
U. S. GOVERNMENT PRINTING OFFICE: 1933

Die US-Einwanderungsurkunde Albert Einsteins aus dem Jahre 1936.

WikiMedia Commons / NARA (gemeinfrei)

aus Deutschland emigrierte jüdischstämmige Wissenschaftler beteiligt waren und diesem auch zum Erfolg verhalfen: Zuvorderst ist hier Albert Einstein zu nennen, bis 1933 Direktor des KWI für Physik in Berlin, im Weiteren aber auch Leó Szilárd (bis 1933 Privatdozent an der Universität Berlin), Otto Ernst Frisch (bis 1933 am Institut für Physikalische Physik der Universität Hamburg) oder Rudolf Peierls (Doktorant von Heisenberg).

Von Einstein und Szilárd ging im Übrigen der entscheidende Anstoß in Richtung US-Präsident Roosevelts aus, den Bau einer Atombombe in Angriff zu nehmen, bevor Hitler in den Besitz von Atomwaffen gelangen könnte. Für viele Wissenschaftler war diese Gefahr ein ganz starkes Motiv, sich im „Manhattan Project" zu engagieren.

Die Konsequenzen dieser für den deutschen Wissenschaftsbetrieb so verhängnisvollen Politik der Nationalsozialisten brachte Sebastian Haffner wie folgt auf den Punkt: „Es ist eine interessante Spekulation, dass ohne Hitlers Antisemitismus wahrscheinlich Deutschland, und nicht Amerika, als erste Macht die Atombombe entwickelt" hätte.[98] Hitler selbst ließen derartige Erwägungen unberührt. Als ihn Carl Bosch, Präsident der KWG in der Zeit von 1937–1940, auf die verheerenden Konsequenzen der Entlassung und Vertreibung jüdischer Wissenschaftler von den deutschen Universitäten hinwies, soll er geantwortet haben: „Dann arbeiten wir eben einmal hundert Jahre ohne Physik und Chemie!"[99]

Johannes Stark war ein entschiedener Gegner der modernen Physik. Die Vertreter der „Deutschen Physik" verloren mit Kriegsbeginn immer mehr an Einfluss.
WikiMedia Commons / A. B. Lagrelius & Westphal (gemeinfrei)

98 Sebastian Haffner: Anmerkungen zu Hitler, München 1978, S. 120.
99 Zit. n. Trömel: „Otto Hahn", S. 20.

Mit ursächlich für diese Einstellung Hitlers könnte die von den Vertretern der „Deutschen Physik“[100] – hier sind insbesondere die beiden Physiker Johannes Stark und Philipp Lenard zu nennen – propagierte Vorstellung sein, Juden übten über Kernphysik und Relativitätstheorie „einen zersetzenden Einfluss“ aus, wie unter anderem Albert Speer in seinen „Erinnerungen“ festhielt, deren Glaubwürdigkeit allerdings umstritten ist. Ganz im Sinne von Stark und Lenard soll nach Speer auch Hitler der Überzeugung gewesen sein, die Kernphysik sei „jüdische Physik“[101]; sein „Begriffsvermögen“ soll von der „Möglichkeit einer Atombombe“ überfordert gewesen sein.

Leslie Groves (li.), militärischer Leiter des „Manhattan Project“, 1942 mit Professor Robert Oppenheimer (re.).

WikiMedia Commons / Mayyskiyysergeyy (gemeinfrei)

Im „Wettkampf um die Klugen“, um einen aktuellen Buchtitel des Soziologen Gunnar Heinsohn aufzunehmen, hatte NS-Deutschland einen Gutteil seiner jüdischstämmigen Wissenschaftselite in die Emigration oder zum Teil sogar in den Suizid oder die Konzentrationslager gedrängt und sich damit jener Expertise beraubt, die womöglich entscheidend für den Durchbruch auf jenen wissenschaftlichen Gebieten gewesen wäre, die von kriegsentscheidender Bedeutung waren. Der daraus entstehende Rückschlag im Sinne unvorhergesehener und unerwünschter Nebenwirkungen hat im hohen Maße zur Niederlage Deutschlands im Zweiten Weltkrieg und zum Ende des Nationalsozialismus beigetragen.

100 Die Vertreter der „Deutschen Physik“ lehnten die moderne Physik als zu theoretisch ab und befürworteten eine stärkere Betonung der Rolle der experimentellen Physik. Insbesondere wandten sie sich gegen die von Albert Einstein entwickelte Relativitätstheorie und die Quantenmechanik und verwarfen deren Erkenntnisse.

101 Speer: Erinnerungen, S. 239 ff.

Die Sonderrolle der Forschungsstelle der Deutschen Reichspost

Eine nicht unwesentliche Rolle im Hinblick auf die nuklearen Bemühungen auf deutscher Seite im Zweiten Weltkrieg spielte das oben bereits erwähnte Kernphysikalische Institut der Deutschen Reichspost (RP) in Miersdorf bei Zeuthen, eine Außenstelle der Forschungsanstalt der Deutschen Reichspost (RPF) auf dem Gelände der Hakeburg in Kleinmachnow in der Nähe Berlins. Das Engagement der RP auf diesem Gebiet war wohl weitgehend Reichspostminister Wilhelm Ohnesorge zu verdanken, der sich als diplomierter Mathematiker und Physiker an technischen und naturwissenschaftlichen Fragen sehr interessiert zeigte. Möglicherweise verfolgte er mit einer eigenen Forschungsanstalt auch das Ziel, die Bedeutung der RPF, die Anfang Januar 1937 in Kleinmachnow gegründet worden war, erheblich zu erhöhen. Deren Aufgabenkreis hatte Ohnesorge Mitte Januar 1937 wie folgt umris-

Die Neue Hakeburg in Kleinmachnow unweit von Berlin, die bis 1945 die Forschungsanstalt der Deutschen Reichspost (RPF) beherbergte.

WikiMedia Commons / A.Savin (LAL)

sen: „1. Fernsehen, 2. allgemeine Physik, insbesondere Atomphysik, 3. Chemie, 4. Sonderaufgaben für den Vierjahresplan.“[102]

Nach Kriegsausbruch wurde die RPF auf rüstungsrelevante Forschungsvorhaben ausgerichtet, darunter auch Gebiete, die sich als mit kriegsentscheidend erweisen sollten, darunter Hochfrequenztechnik, Funkmessprogramme, Kernphysik und Spionage.[103] Damit war die Reichspost „auf eben den Gebieten tätig, auf denen der Zweite Weltkrieg entschieden wurde“, stellte Hubert Faensen in seinem Buch „Hightech für Hitler“ (2001) fest. Die Forschungsaktivitäten der RPF für die Kriegführung können deshalb nicht überschätzt werden, wie Faensen deutlich macht:

Feierliche Übergabe des vom Reichspostministerium ausgebauten Jungfliegerheims in Zeesen durch den Reichspostminister Wilhelm Ohnesorge an den Korpsführer des NS-Fliegerkorps (NSFK) 1937. V. l. n. r.: Staatssekretär General der Flieger Milch, Staatssekretär im Reichspostministerium Dipl.-Ing. Nagel, Reichspostminister Dr. Ing. e.h. Ohnesorge und der Korpsführer des NSFK, Generalmajor Christiansen.

102 Hubert Faensen: Hightech für Hitler, Berlin 2001, S. 24.
103 Ebd., S. 82 f.

> Die Quellen, zu denen auch hervorragende Erfindungen und Patente gehören, verweisen auf die enorme Bedeutung der Reichspostforschungsanstalt für die Kriegsführung. Allerdings haben sich wichtige Sachakten zur Forschung und Notizen zu den Absprachen mit den Beauftragten der Wehrmachtsteile nicht erhalten. Sie wurden entweder als geheime Verschlusssache vernichtet oder beschlagnahmt. Sie sind, so wird vermutet, bei Kriegsende in die Hände der Alliierten gefallen und sollen zum Teil noch heute als ehemalige Geheimunterlagen aus der Kriegszeit in der Obhut der National Security Agency in Fort G. Meade im US-Bundesstaat Maryland liegen.[104]

Warum seitens der RP auch Aktivitäten auf dem Gebiet der Kernphysik entfaltet wurden, ist nicht restlos geklärt. Offenbar aber hat Ohnesorge rasch die militärischen und wirtschaftlichen Potenziale der Kernenergie erkannt. Hierbei hat der umtriebige Forschungsunternehmer Manfred von Ardenne, der mit seinem privaten Lichterfelder Institut mit dem Reichspostministerium (RPM) in enger Verbindung stand, wohl einen wesentlichen Anteil gehabt. Er vermerkte in seinen Erinnerungen, dass Ohnesorge, „angeregt durch meine Pläne", „im Bereich der Postverwaltung ein kernphysikalisches Institut in Miersdorf bei Zeuthen" gegründet habe.[105] Manfred von Ardenne hielt in seinen Erinnerungen weiter fest, er habe im Auftrag Ohnesorges und der RPF in seinem Lichterfelder Institut zu keinem Zeitpunkt an einer militärischen Nutzung der Kernenergie gearbeitet. Für die Herstellung von Radioisotopen habe er ein 60-Tonnen-Zyklotron gebaut. Allerdings verfolgte Ardenne schon 1940 die Idee einer elektromagnetischen Isotopentrennanlage[106], welche den USA mit Blick auf die Entwicklung einer Atomwaffe mit zum Erfolg verhalf. Laut Karlsch soll diese Isotopentrennanlage 1943 in Bad Saarow aufgebaut worden sein.[107]

---

104 Ebd., S. 88.

105 Manfred von Ardenne: Erinnerungen, fortgeschrieben, Düsseldorf 1997, S. 201.

106 Isotopentrennung bezeichnet ein Verfahren, mit dem die in einem natürlichen chemischen Element enthaltenen Isotope voneinander getrennt werden können. Das Trennverfahren scheidet die ursprüngliche Stoffmenge in zwei Teilmengen (Fraktionen), von denen die eine mit dem fraglichen Isotop angereichert und die andere entsprechend abgereichert ist. Durch mehrfache Wiederholung lassen sich höhere Anreicherungsgrade erreichen. Die Urananreicherung ist die wichtigste großtechnische Isotopentrennung. Sie dient zur Herstellung des Spaltmaterials für Kernwaffen.

107 Karlsch: Hitlers Bombe, S. 130.

In einer Aktennotiz des RPM wurde Mitte April 1942 festgestellt:

> In einer vor kurzem stattgehabten Zusammenkunft des Forschungsrates zeigten Vorträge der ersten Wissenschaftler vor Reichsministern und hohen militärischen Persönlichkeiten erneut die ganz außerordentliche Kriegswichtigkeit der kernphysikalischen Forschungsarbeiten. Die US-Amerikaner sind uns auf diesem Gebiet weit voraus und es lässt sich nicht übersehen, welche Überraschungen möglich sind, wenn wir in dieser Richtung im Rückstand bleiben. Da die Ergebnisse der Kernforschung auch für die Nachrichtentechnik umwälzende Bedeutung versprechen, hat Min[ister Ohnesorge] entsprechende Arbeiten bei der DRP schon vor langer Zeit aufnehmen lassen. Sie stehen jetzt mit an vorderster Stelle in Deutschland. Es besteht deswegen die Verpflichtung und dringende Notwendigkeit, unsere Arbeiten im allgemeinen Interesse und dem der DRP mit allen Mitteln voranzutreiben.[108]

Ohnesorges (erfolgloser) Vorstoß bei Hitler im Juni 1942 hinsichtlich des Baus einer deutschen Nuklearwaffe sei laut Ardenne von dem Miersdorfer Institut, das unter der Leitung von Georg Otterbein stand, inspiriert gewesen. Dessen Gründung soll im Übrigen durch Ardenne angeregt worden sein. Im Mittelpunkt der Institutsarbeit stand die Herstellung eines Zyklotrons. In seinen Memoiren vermerkte Ardenne:

> Alle Gedanken von Ohnesorge, die in diese gefährliche Richtung führten [militärische Atomforschung] und die ihn auch zu seinem Vortrag bei Hitler veranlaßten, stammen meines Wissens aus seinem zweiten Institut in Zeuthen (-Miersdorf).[109]

Hitler reagierte auf Ohnesorges Vortrag abweisend, wohl auch, weil es außerhalb seines Vorstellungsvermögens lag, dass ihm ausgerechnet die RP den Weg zu einer bis dahin beispiellosen Massenvernichtungswaffe weisen könnte. Ohnesorge erhielt für seine gigantische Vision keine Unterstützung. Der Reichspostminister reagierte auf diese Abweisung enttäuscht, ließ aber die Forschungs-

108 Zit. n. Olaf Strauß: Die Kernforschung und Kerntechnologieentwicklung in der DDR 1945–1965. Rahmenbedingungen, Politik der Staatspartei und Umsetzung, Diss. Greifswald 2011, S. 14 f.; online unter: epub.ub.uni-greifswald.de/frontdoor/deliver/index/docId/1160/file/Die_Kernforschung_und_Kerntechnologieentwicklung_der_DDR_1945_1965_Strauss_Olaf.pdf (letzter Zugriff: 10. Februar 2021).

109 Zit. n. Joseph Hoppe: „Fernsehen als Waffe"; in: Museum für Verkehr und Technik (Hg.): Ich diente nur der Technik. Sieben Karrieren zwischen 1940 und 1950, Berlin 1995, S. 59.

Ehemaliges Forschungslaboratorium für Elektronenphysik in Berlin-Lichterfelde, das 1928 von Manfred von Ardenne gegründet und von ihm bis Mai 1945 geleitet wurde. 1958 wurde die Villa nach Folke Bernadotte Graf von Wisborg benannt und beherbergt heute ein Kinder-, Jugend- und Kulturzentrum.

arbeiten nicht einstellen. Während alle anderen Institutionen, die an der Entwicklung einer deutschen Kernwaffe arbeiteten – also die Kaiser-Wilhelm-Gesellschaft und die Physikalisch-Technische Reichsanstalt –, in der Folge ihre Arbeiten zurückfuhren, ließ sich Ohnesorge nicht entmutigen. Er vermutete ganz richtig, dass die Amerikaner den Deutschen bereits „weit voraus" seien, und befürchtete „Überraschungen", „wenn wir in dieser Richtung in

Rückstand bleiben".[110] Ohnesorge meinte damit nicht nur die Kernforschung, sondern auch die Nachrichtentechnik, und bewies damit einen Weitblick und ein Gespür, die auf deutscher Seite vielen abgingen. Entsprechend drängte Ohnesorge darauf, die Arbeiten in diesen Forschungsfeldern „mit allen Mitteln voranzutreiben".

Mangels Unterstützung wandte sich Ohnesorge zunehmend der SS zu. Er informierte den Reichsführer SS Heinrich Himmler gezielt über die Forschungsprojekte der RPF, insbesondere im Bereich Hochfrequenztechnik[111]. Dennoch gelang es nicht, vor Kriegsende in Miersdorf oder im Ardenne-Institut in Berlin-Lichterfelde Zyklotrone in Betrieb zu nehmen. Als sie vor ihrer Inbetriebnahme standen, wurden sie zur Beute der Roten Armee, die sie nach Moskau brachten. Warum beide Institute quasi nebeneinanderher arbeiteten und sich offenbar nicht einmal austauschten, gehört zu den Rätseln, die mit der Vision der Entwicklung einer deutschen Atombombe verbunden sind.

Faensen verweist auf die „enorme Bedeutung der Reichspostforschungsanstalt für die Kriegsführung", was erklärt, warum „wichtige Sachakten zur Forschung und Notizen zu den Absprachen mit den Beauftragten der Wehrmachtsteile nicht erhalten" sind. Bei Kriegsende wurden „sie als geheime Verschlusssache entweder vernichtet oder beschlagnahmt". Als „ehemalige Geheimunterlagen aus der Kriegszeit" liegen sie „in der Obhut der National Security Agency in Fort G. Meade im US-Bundesstaat Maryland".[112]

Zeitachse

April 1939	Gründung der Arbeitsgemeinschaft für Kernphysik (1. Uranverein) vom Reichserziehungsministerium (REM) in Berlin unter der Leitung von Esau.

110 Faensen: Hightech, S. 100.
111 Ebd., S. 102.
112 Ebd., S. 88.

15. Juni 1939	Gründung eines Referats für Atomphysik (WaF Ia) in der Forschungsabteilung des HWA, Chef wird Regierungsbaurat Diebner.
20. August 1939	Ende der Tätigkeit des 1. Uranvereins, der vor allem Vorarbeit bei der Organisation von Material (Uranoxid, Radium, schweres Wasser), dem Verbot der Ausfuhr sämtlicher Uranverbindungen sowie der Beschaffung von Geräten und Materialien über das Reichswirtschaftsministerium (RWM) geleistet hat.
Oktober 1939	Gründung der Arbeitsgemeinschaft Kernphysik durch die Forschungsabteilung des HWA unter Führung von Schumann (2. Uranverein).
4. Juni 1942	Tagung im Harnack-Haus auf Einladung von KWG-Präsident Vögler mit erstmaliger Beteiligung von Rüstungsminister Speer und Spitzenvertretern des Militärs (Fromm, Milch, Witzell); Vortrag von Heisenberg: „Die Arbeit am Uranproblem“ (bisher positive Ergebnisse, keine kurzfristige Lösung für Uranwaffen möglich, aber unübersehbares Feld technischer Anwendungsmöglichkeiten, angesichts der intensiven Arbeit am Uranproblem in Amerika kann möglicherweise die Verwertung der Atomkernenergie plötzlich eine entscheidende Rolle in einem längeren Krieg mit Amerika spielen). Anschließender Besuch Speers im KWI für Physik.
Juni 1942	Abgabe der Verantwortung des HWA für das „Uranprojekt“ und Weiterführung durch den RFR; die verwaltungstechnische und organisatorische Leitung verbleibt aber unter Diebner beim HWA, Weiterführung der Gottower Versuche der Diebner-Gruppe.
1. Juli 1942	Rückgabe des KWI für Physik vom HWA an die KWG, Heisenberg wird Direktor „am“ KWI für Physik, weitere Beteiligung des HWA am „Uranprojekt“.

8. Dezember 1942	Esau wird vom Präsidenten des RFR und Reichsmarschall des Großdeutschen Reiches Göring zum Bevollmächtigten für kernphysikalische Forschung ernannt und damit wieder Chef der AG für Atomforschung („Uranverein“), Stellvertreter wird Diebner, der zur PTR, Abt. V (Atomphysik und physikalische Chemie, Leiter Beuthe) abkommandiert ist.
1. Januar 1944	Gerlach löst Esau als Bevollmächtigter für kernphysikalische Forschung und Leiter der AG für Atomforschung des RFR ab und bezieht Diensträume im Harnack-Haus, sein Stellvertreter wird Diebner.
26. Februar 1945	Notprogramm von Gerlach.
März 1945	Letzter Reaktorversuch der Berliner Reihe (BVIII) in Haigerloch mit 680 Uranmetallwürfeln (1,5 t) in Gitteranordnung mit Schwerwasser und 10 t Grafit bringt keine Kritikalität (selbsterhaltende Kettenreaktion).
22. April 1945	Besetzung der verlagerten Institutsteile durch französische Truppen, Demontage der Anlage des Versuchsreaktors Haigerloch und Beschlagnahme des Materials durch amerikanische Truppen. Verhör der Kernphysiker durch die amerikanische Spezialtruppe („ALSOS“-Mission) vom 23. bis 28. April 1945.
24. April 1945	Besetzung des Gebäudes des KWI für Physik in Berlin-Dahlem durch die Rote Armee, Beschlagnahme des gesamten Inventars einschließlich Kältelabor und HSA sowie der Bibliothek und Überführung in die Sowjetunion.
3. Juli 1945	Internierung von Heisenberg, v. Weizsäcker, Wirtz, Bagge, Korsching u.a. (alle KWI für Physik).[113]

113 Zur Übersicht vgl. Online-Archiv der Max-Planck-Gesellschaft: archiv-berlin.mpg.de/83592/uranprojekt_uebersichten.pdf (letzter Zugriff: 3. August 2022).

Kapitel III

Die Magie der bewegten Bilder: Wie das Fernsehen zur „Geheimwaffe" wurde

Bilder „festzuhalten" oder gar ganze bewegte Szenen über eine bestimmte Entfernung zu übertragen, war ein lange gehegter Traum der Menschheit. Die *Laterna magica* machte es ab dem 17. Jahrhundert möglich, dass sich Zuseher an filmähnlichen Abläufen erfreuten. In das auch „Skioptikon" genannte Gerät wurden Laternaufnahmen eingeschoben und durch eine Lichtquelle – anfangs nur eine Kerze, Öllampe oder Pechfackel, später ein Kalklichtbrenner oder eine elektrische Bogenlampe – erhellt. Ein Hohlspiegel verstärkte die Helligkeit des durch eine Linse auf eine Leinwand oder eine helle Wand projizierten Bildes. Durch Präsentation der Zeichnungen und Bilder in schneller Abfolge eröffnete sich dem Betrachter die Illusion eines bewegten Bildes.

Um tatsächlich bewegte Bilder zu produzieren, bedurfte es aber einer elektrophysikalischen Lösung, einzelne Darstellungen nach einem bestimmten Prinzip zu zerlegen. Den entscheidenden Einfall, der später die technische Grundlage für das Fernsehen bilden sollte, hatte der Techniker und Erfinder Paul Nipkow, Sohn eines Berliner Bäckermeisters: nämlich die „punktförmige Zerlegung einer Abbildung mit Hilfe einer runden Scheibe mit spiralig angeordneten Löchern. Sie wird später als ‚Nipkow-Scheibe' allgemein bekannt".[114] So wie Nipkow beschäftigte sich auch der französische Wissenschaftler Constantin Senlecq mit der elektromagnetischen Übertragung bewegter Bilder, wenngleich lediglich in der Theorie. Er hatte die Idee, „Bilder oder Objekte über ein Fotozellenfeld abzutasten und an anderer Stelle durch ein Glühlämpchenfeld wiederzugeben. Jede Fotozelle wurde per Kabel mit einer Glühlampe verbunden. Dabei wurde das Abbild durch eine Linse auf die Fotozellen geworfen."[115] Dieses nur mit hohem Aufwand realisierbare Modell wäre für die industrielle Produktion völlig ungeeignet gewesen.

Paul Nipkow hingegen war auf dem richtigen Weg. Am 6. Januar 1884 meldete er sein Patent für ein „Electrisches Teleskop" beim Kaiserlichen Patentamt zu Berlin an, wo es die Nummer 30.105 erhielt. Der erste Satz der Patentschrift lautete: „Der hier beschriebene Apparat hat den Zweck, ein an Ort A befindliches Objekt an einem beliebigen anderen Ort B sichtbar zu machen."[116] Wie aber funktionierte nun die Nipkow-Scheibe? Mittels der rotierenden Scheibe, die zunächst 30 spiralförmig angeordnete Löcher aufwies, wurden Bilder zeilenweise in Hell-Dunkel-Signale zerlegt, um an anderer Stelle, auf einer Projektionsfläche, wieder zusammengesetzt zu werden. Jedes der quadratisch gestanzten Löcher auf der Scheibe war jeweils für eine Zeile zuständig. Durch die Rotation der Scheibe wanderten die Löcher von links nach rechts und ließen nur jeweils die vom Objekt reflektierten Lichtstrahlen auf eine Fotozelle einfallen, die sich an der abgetasteten Stelle befand. Die Zahl der Punkte definierte die Zeilen, der Abstand der nebeneinanderliegenden Punkte die Bildbreite. Mit einer Umdrehung der Scheibe wurde so ein vollständiges Bild abgetastet.[117]

Um das Fernsehen zu einem verlässlichen Medium weiterzuentwickeln, galt es aber, noch einige technische Hürden zu über-

114 Gerhard Eckert: Von Nipkow bis Telstar. 80 Jahre Fernsehen in Daten und Zahlen, Frankfurt/Main 1963, S. 9.

115 Artikel „Fernsehgeschichte"; online unter: movie-college.com/filmschule/medien/fernsehen/tv-geschichte (letzter Zugriff: 26. Januar 2019).

116 Zit. n. Eckert: Nipkow, S. 9.

117 Vgl. „Fernsehgeschichte".

winden. Das gelang dem deutschen Naturwissenschaftler Manfred von Ardenne am 14. Dezember 1930 mit der ersten Übertragung bewegter Bilder auf elektronischem Wege mittels einer Kathodenstrahlröhre. Der erst 23-jährige Physiker schuf mit diesem erfolgreichen Experiment in seinem Berliner Laboratorium die Grundlage für das Fernsehen, wie wir es heute kennen. Jahrzehnte später, im Jahr 1987, beschrieb Ardenne vor der Geschichtskommission des staatlichen Fernsehens der DDR die von ihm erfundenen Kathodenstrahlröhren wie folgt: „Das waren Röhren, bei denen zum ersten Mal der Schreibfleck zweihundertmal heller war als die bis dahin auf dem Weltmarkt befindlichen Laboratoriums-Röhren [...], die eine Möglichkeit eingebaut erhielten – eine sogenannte Steuerelektrode, um die Fleckhelligkeit trägheitsfrei zu verändern. Und die hatten wir nun im Hause, zusammen mit den Netzanschlußgeräten, mit den Geräten zur Erzeugung von Ablenkspannungen. [...] Und wir hatten auch Fotozellen mit einem Verstärker mit Breitband, wie Sie ihn hier sehen – das ist ja original von damals! Das war aber noch nicht alles, um ein komplettes Fernsehsystem zu realisieren. Es fehlte noch ein zündender Gedanke [...], daß man diese hellen Flecke auf Elektronen-Röhren-Schirmen dazu benutzen konnte, um einen sogenannten Leuchtfleckabtaster für Diapositive oder Filme zu gestalten. Als ich diese Idee konzipierte, da dauerte es dann nur noch wenige Stunden, [...] zunächst mal als Erstes eine Schere vor den Leuchtfleckabtaster zu halten. Und da sah man an der anderen Ecke des Zimmers die Silhouette der Schere und wie sie sich bewegte. Und das Nächste war, daß wir dasselbe mit Diapositiven machten: auch da dann die Wiedergabe des Diapositives auf der anderen Seite. Und dann, wir hatten einen Filmprojektor von Zeiss Ikon, wurde der kombiniert mit der Anlage, und da konnten wir also Filme übertragen. Solche Filmübertragungen liefen während der gesamten Funkausstellung 1931 in Berlin. Die Qualität – die Helligkeit der Bilder, die Schärfe – war so eindrucksvoll, daß ein Jahr später die gesamten Forschungslaboratorien übergangen waren zu unserer Anordnung von Elektronenstrahlröhren.“ Professor Manfred von Ardenne machte diese Ausführungen vor Fernsehkameras und Mikrofonen im Privatlaboratorium seines Wohnsitzes auf dem Weißen Hirsch in Dresden. Darin war zuvor – zur Überraschung des Interviewten –

die im Berliner Museum für Geschichte ausgestellte Originalanlage des Jahres 1931 eingebaut worden.[118]

Die technische Entwicklung des neuen Mediums brauchte in den 1920er- und beginnenden 1930er-Jahren viele „Väter". Einer war der russische Physiker Vladimir Kosma Zworykin. Er entwickelte das „Ikonoskop", das in laienhafter Vereinfachung auch als „Bildaufnahmeröhre" bezeichnet werden kann. Dem Wissenschaftler gelang es, das mechanische Bildabtasten – nach dem von Paul Nipkow erfundenen Verfahren – mittels einer Kathodenstrahlröhre elektronisch zu bewerkstelligen.[119]

Auf dieser technischen Grundlage funktionierten die Fernsehaufnahmekameras der 1930er-Jahre; wegen ihrer Empfindlichkeit waren sie vor allem bei Außenaufnahmen wetterbedingt nicht immer einsetzbar. In verschiedenen Ländern Europas gelang Technikern die Übertragung bewegter Bilder. In Ungarn etwa war es Dénes von Mihály, der mit seiner Erfindung „Telehor" unklare, verzerrte Aufnahmen, eigentlich Schattenbilder, über eine Entfernung von fünf Kilometern übertrug. Ähnliches schafften Freek Kerkhof, ein niederländischer Philips-Techniker, und der Schotte John Logie Baird, der Schwarz-Weiß-Bilder über eine Telefonleitung von Glasgow nach Liverpool schickte.[120] Das von Baird entwickelte System kam auch bei der ersten technisch einwandfreien Bildübertragung zum Einsatz. Eine Schlüsselrolle in der Fernsehentwicklung in Deutschland nahm bis 1933 sowohl auf der Ebene der technischen Forschung als auch politisch Hans Bredow ein, Rundfunkkommissar des Reichspostministers.

Anfang der 1930er-Jahre wurden der Öffentlichkeit vier Systeme aus einer großen Vielfalt erfolgreicher Erfindungen zur Übertragung bewegter Bilder präsentiert. Sie alle basierten größtenteils auf der Verwendung von Nipkow-Scheibe, Spiegelrad und Spiegelwalze: das System der Deutschen Reichspost mit einer Bildgröße von 3,6 mal 4,8 cm, die Entwicklung von Dénes von Mihály und

118 Vgl. William Uricchio (Hg.): Die Anfänge des Deutschen Fernsehens. Kritische Annäherungen an die Entwicklung bis 1945, Tübingen 1991, S. 30 f.

119 Vgl. Karl Tetzner: „Das Fernsehen war keine Blitzerfindung. Der lange Weg von der Idee zur Realität"; in: Rundfunk und Museum. Zeitschrift des Rundfunkmuseums der Stadt Fürth 54/2005, S. 16.

120 Vgl. ebd.

seinem Betrieb Telehor AG mit einer Bildgröße von 4 mal 4 cm, das Gerät von Baird Television Ltd. mit einer Bildgröße von 2 mal 2 cm sowie das Modell von Professor August Karolus für die Telefunken AG mit einer Bildgröße von 10 mal 10 cm.

Die nächsten logischen Schritte in Richtung Verwendung des Fernsehens im Alltag lagen in der Umsetzung vollelektronischer Lösungen für den Sendebetrieb und in der Herstellung geeigneter

Telefunken-Fernsehempfänger von 1936.

Empfangsgeräte.[121] Für die Produktion der Empfangsgeräte setzten Herstellerunternehmen wie die Telefunken AG auf die Verwendung der Kathodenstrahlröhre oder „Braunschen Röhre", wie sie nach ihrem Erfinder, dem deutschen Physiker Karl Ferdinand Braun, genannt wurde.

Trotz aller noch bestehenden Hürden setzte sich das Fernsehen Anfang der 1930er-Jahre als Massenmedium durch. In Deutschland und in Großbritannien wurden die ersten Fernsehstudios für den regelmäßigen Sendebetrieb ausgestattet. Dafür galt es, die Aufnahmetechnik und damit die Verlässlichkeit der elektronischen Kameras zu verbessern. Emil Mechau, Filmtechniker aus Seesen im Harz, ersetzte die lichtschwache Lochscheibe durch den lichtschwachen Linsenkranzabtaster, wie er ab 1934 benutzt wurde. Der bereits genannte Vladimir Kosma Zworykin steigerte die Lichtempfindlichkeit der Ikonoskop-Röhre.

Der erste Fernsehsender weltweit, der seinen regelmäßigen Programmbetrieb aufnahm, hieß nach dem deutschen Erfinder „Paul Nipkow". Eigentlich hatte Reichssendeleiter Eugen Hadamovsky diesen Namen am 29. Mai 1935 zunächst dem für alle Sendungen eingesetzten Filmabtaster gegeben, der an den nach dem Filmtechniker Emil Mechau benannten Projektor gekoppelt war. Der Name galt künftig für den gesamten Programmdienst.[122]

Die weltweit erste Fernsehansagerin in der Geschichte war die erst 22-jährige Jungschauspielerin Ursula Patzschke, die vom Reichspostzentralamt als „Postfacharbeiterin" eingestellt wurde. Neben ihren Ansagen hatte die blonde junge Frau mit dem markanten Gesicht beim Fernsehsender „Paul Nipkow" in elf Livesendungen pro Woche kleine Monologe und Gedichte vorzutragen. In den Sendepausen klebte sie Filme zusammen.[123] Ihre Arbeitsbedingungen waren, so wie in der Folge die anderer Ansagerinnen, alles andere als angenehm. Der Arbeitsplatz beschränkte sich auf eine gerade einmal 1,5 m^2 große dunkle Zelle, in der es unmittelbar nach Sendebeginn sehr heiß wurde. Um trotz des schwachen Abtaststrahls ein klares Bild vom Kopf sowie vom Oberkörper der Frau zu erhalten, mussten ihre Lippen schwarz geschminkt und

121 Vgl. ebd.
122 Vgl. Eckert: Nipkow, S. 31.
123 Vgl. ebd., S. 30.

Deutscher Spiegelfernseher Telefunken FE VI von 1937. Pausenbild: Fernsehsender „Paul Nipkow", Berlin. Der im Auflicht beige-bräunliche Leuchtstoff fluoresziert bläulich-weiß. WikiMedia Commons / Eckhard Etzold (CC BY-SA 2.0 de)

ihre Augenlider grün gefärbt werden. Ihr Haar wurde mit Goldpuder versehen. Eines Tages erschien Ursula Patzschke mit einer weißen Bluse im „Studio", das sie und die Techniker „Schwitzkasten" nannten. Flugs wurde die Oberbekleidung der Sprecherin in ein hässliches Grau umgefärbt, um scharfe Konturen im Bild zu gewährleisten.[124]

1929 gründeten in Berlin der schottische Fernsehtechniker John Logie Baird, die Firma Loewe Opta, die Optischen Werken Zeiss und die Firma Bosch die Fernseh Aktiengesellschaft.[125] Das Unternehmen brachte die Kamera- ebenso wie die Übertragungs- und Empfangstechnik in den 1930er-Jahren stetig voran. Die technische

124 Vgl. o. A.: „Schwarze Lippen, grüne Lider"; in: Spiegel Special 8 (1995), S. 62–66; online unter: spiegel.de/spiegel/spiegelspecial/d-9206176.html (letzter Zugriff: 27. Januar 2019).

125 Vgl. „Fernseh GmbH"; online unter: darmstadt-stadtlexikon.de/f/fernseh-gmbh.html (letzter Zugriff: 28. Januar 2019).

Weiterentwicklung dieses noch in den Kinderschuhen steckenden Mediums wurde von den politischen Entscheidungsträgern gefördert, und das, obwohl das Fernsehen bis zum Beginn des Zweiten Weltkrieges noch keine Massentauglichkeit hatte. Das Radio und der Film behielten ihre Positionen als Massenmedien und konnten diese bis Kriegsende auch noch ausbauen.

In der Vorkriegszeit wurde die sensible Technik des Fernsehens bei Objektiv- und Positionswechseln von Pannen sowie unfreiwilligen Pausen heimgesucht. Trotz gut ausgebildeter und engagierter Techniker und Kameraleute, wie des bereits erwähnten Aufnahmetechnikers Emil Mechau, kam es immer wieder zu wenig professionell erscheinenden Aufnahmen, die der Darstellung eines repräsentativen Großereignisses der damaligen Zeit, wie der Olympischen Spiele 1936, nicht unbedingt zuträglich waren. Die Fernseh AG – mit Übernahme aller Anteile durch Bosch in Fernseh GmbH umbenannt – investierte große Summen in die Weiterentwicklung der Technologie. Das Unternehmen setzte einige Meilensteine, unter anderem die Entwicklung eines Fernsehempfängers mit einer Bildschirmgröße von 9 mal 12 cm im Jahr 1931 oder den Bau eines Fernsehübertragungswagens 1934, der zwei Jahre später bei den Olympischen Spielen zum Einsatz kam. Im Zweiten Weltkrieg unterstand die Firma der Deutschen Luftwaffe, für die hauptsächlich ferngesteuerte Flugbomben entwickelt wurden. Nach Kriegsende bestand sie weiter, um 1986 in den Broadcast Television Systems (BTS) aufzugehen, als deren Eigentümer die deutsche Bosch AG und das niederländische Unternehmen Philips firmierten. Ziel des marktstrategisch begründeten Zusammenschlusses war es, als europäisches Gegengewicht auf dem von japanischer Heimelektronik beherrschten Weltmarkt bestehen zu können. 2001 wurde BTS vom französischen Thomson-Multimediakonzern übernommen.[126]

Einige technische Errungenschaften, die Konsumenten elektronischer Medien heute als selbstverständlich ansehen, wie das Breitbandkabel, das Farbfernsehen sowie die Möglichkeit, dreidimensionale Bilder zu empfangen, standen bereits in Verwendung. Im Frühjahr 1935 legte die Deutsche Fernkabel-Gesellschaft im Auftrag der Deutschen Reichspost das erste Weitverkehrs-Breitband-

126 Vgl. „Fernseh GmbH".

Loewe Kathodenstrahlfernseher, 1931.
Loewe Technologies GmbH, Kronach

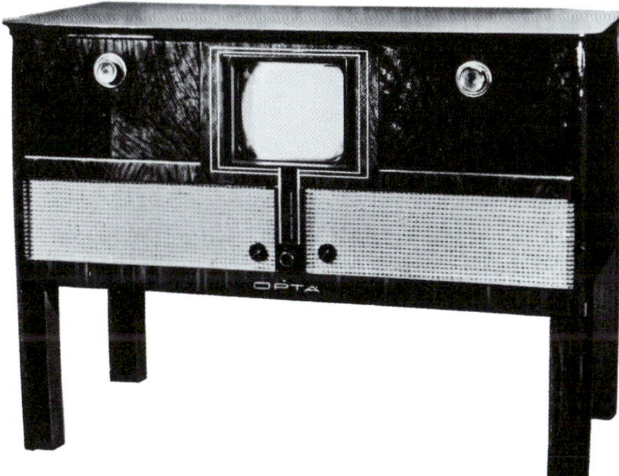

Elegante, stilvolle Kommode mit integriertem Fernsehgerät von Loewe Opta. Eine Konstruktion, ihrer Zeit weit voraus war.
Loewe Technologies GmbH, Kronach

Fernsehgerät von Loewe Opta für die Massenherstellung, in den 1950er-Jahren. Jeder Haushalt sollte ein Fernsehgerät zum erschwinglichen Preis erwerben können.
Loewe Technologies GmbH, Kronach

kabel zwischen Berlin und Leipzig. Man hatte sich endgültig für den koaxialen Typ entschieden, weil die Dämpfungsverhältnisse günstiger lagen als bei einem symmetrischen Kabel von gleichem Außendurchmesser. Zudem wollte man sich die Möglichkeit einer Steigerung der Bildpunkteanzahl und damit einer Erweiterung des Frequenzbandes offenhalten.[127] Sowohl Göring als auch Goebbels hatten bald die Möglichkeiten des neuen Mediums erkannt und versuchten, ihren Zuständigkeitsanspruch auf das Fernsehen anzumelden. Per Erlass erklärte Hitler Mitte Juli 1935 Göring – „im Benehmen mit dem Reichspostminister" – für zuständig:

> Die weitere Entwicklung des Fernsehwesens erfordert dringend eine Zusammenfassung der staatlichen Zuständigkeit in einer Hand. Mit Rücksicht auf die besondere Bedeutung des Fernsehens für die Flugsicherung und den nationalen Luftschutz ordne ich [Hitler] daher an: Die Zuständigkeiten auf dem Gebiete des Fernsehwesens gehen auf den Reichsminister für Luftfahrt über, der sie im Benehmen mit dem Reichspostminister ausübt.[128]

Die RPF präsentierte bei der Großen Deutschen Funkausstellung 1938 erstmals ein Fernsehbild mit 180 Zeilen und einem Wechsel von 25 Bildern pro Sekunde. Als Vorlage diente ein Farbauszugsfilm. Das Zweifarbenverfahren erwies sich als weniger unvollkommen, als theoretisch zu erwarten gewesen wäre. Der Betrachter nahm unter dem Einfluss der Beleuchtung des Umfeldes im Zweifarbenbild subjektiv Farben wahr, die physikalisch gar nicht enthalten waren.[129] Wenngleich die ersten technischen Schritte in Richtung Farbfernsehen erfolgreich absolviert wurden, brachten die Forschungen auf diesem Gebiet bis 1945 keine wesentlichen Fortschritte.

An der Erhöhung der Bildauflösung wurde allerdings erfolgreich weitergearbeitet. Die Techniker hatten sich ein für die damalige

---

127 Vgl. Jürgen Bauch: Die Breitband-Fernkabel des Deutschen Reiches 1930 – 1945 – 2017, Bd. 3: Das FK 504 (Berlin–Frankfurt/Main), Norderstedt 2018, S. 8.

128 Zit. n. Wolfgang-D. Schröer: Lenkkörper und Zielweisungsgeräte der deutschen Luftwaffe. Teil II: Fernsehgestützte Zielweisung von Gleitbomben. Das „Tonne-Seedorf"-System, 2014, S. 12; online unter: researchgate.net/publication/267574206_Lenkkorper_und_Zielweisungsgerate_der_deutschen_Luftwaffe_Vol_II_Fernsehgestutzte_Zielweisung_von_Gleitbomben_–_Das_Tonne-Seedorf-System (letzter Zugriff: 21. Dezember 2021).

129 Vgl. „Das Fernsehen in Deutschland bis zum Jahre 1945"; online unter: fernsehmuseum.info/fernsehen-bis-1945-farbe.html (letzter Zugriff: 28. Januar 2019).

Zeit konkurrenzloses Ziel gesetzt: Im Sommer 1940 präsentierten Wehrmachtsangehörige eine Bildübertragung mit 1029 Zeilen und 25 Bildwechseln pro Sekunde. Im Rahmen des Projekts, das die Bezeichnung „Hochzeilen-Fernsehen“ trug, sollte auch der finanzielle Aufwand für die Übertragung von Bildern in derart hoher Auflösung eruiert werden. Wesentlich dabei war, herauszufinden, ob sich hoch aufgelöste Darstellungen, die ausschließlich mit einer stark erhöhten Zeilenzahl gesendet wurden, hinsichtlich ihrer Wirkung überhaupt lohnten. Man war sich zu diesem Zeitpunkt auch nicht darüber einig, ob die hochzeiligen Aufnahmen per Kabel oder drahtlos übertragen werden sollten. Zur Wiedergabe kam eine Röhre mit einem Bildschirmdurchmesser von 40 cm und einer Anodenspannung von 20 kV zum Einsatz. Ein sogenannter Sonderrohr-Diapositiv-Abtaster wurde für die Bildabtastung eingesetzt. Bilder mit einer Auflösung von mehr als 1000 Zeilen wurden erst Jahrzehnte später mit Entwicklung des *High Definition Television* (HDTV) zum Standard.[130]

Auch mit der dreidimensionalen Darstellung des Fernsehbildes beschäftigte sich in den 1930er-Jahren die Forschungsanstalt der Deutschen Reichspost. 1935 beschränkten sich die zuständigen Techniker auf theoretische Forschungsarbeiten und Berechnungen auf physiologischer Ebene. Manfred von Ardenne nahm 1939 das „stereoskopische Fernsehen“ in den Fokus. Dabei setzte er sich auf experimenteller Ebene mit der Frage auseinander, „wie weit die durch die räumliche Wiedergabe vermittelten neuen Erkennungsmöglichkeiten in der Lage sind, die etwas verringerte Bildschärfe auszugleichen oder sogar über zu kompensieren“. Zudem wurden Versuche mit Polarisationsfiltern gemacht, um die Möglichkeiten, dreidimensionale Bilder auf elektronischem Wege zu übertragen, zu erforschen.[131]

130 Vgl. H. Bähring et al.: „Über die Entwicklung der Fernsehtechnik bei der Fernseh G.m.b.H. 1939–1945“ (1950); online unter: fernsehmuseum.info/fernsehtechnik-bis-1945.html (letzter Zugriff: 28. Januar 2018); vgl. weiter Wolfgang Dillenburger: „Fernsehen mit 1029 Zeilen“; in: Das Elektron in Wissenschaft und Technik 1/1950; online unter: fernsehmuseum.info/hdtv-analog-mit-1029-zeilen.html (letzter Zugriff: 28. Januar 2019).

131 Vgl. „Stereoskopisches Fernsehen“; online unter: fernsehmuseum.info/fernsehen-bis-1945-fruehes-3d.html (letzter Zugriff: 30. Januar 2019).

Das Fernsehen bei den Olympischen Spielen 1936 in Berlin

Ein Jahr zuvor hatte das Fernsehen gerade erst seinen regelmäßigen Sendebetrieb aufgenommen, der mit vielen technischen Einschränkungen und laufenden Ausfällen einherging. Für die Techniker hieß es oftmals, zu improvisieren – was für die wenigen Zuseher glücklicherweise nicht immer merkbar war. Nach nur einem Jahr war das Fernsehen aufgrund seiner rasanten technischen Entwicklung nun in der Lage, dem Publikum Sportübertragungen in Echtzeit zu präsentieren. Noch bei den Olympischen Winterspielen in Garmisch-Partenkirchen im Februar 1936 hatten die vor Ort anwesenden Techniker des Fernsehsenders „Paul Nipkow" nur die Möglichkeit, vorgefertigte Filme der Sportereignisse zu präsentieren – eine nicht sehr befriedigende Art der Übertragung. Die Aufgabe an die Senderverantwortlichen lautete daher, bis zu den wenige Monate später in Berlin stattfindenden Olympischen Sommerspielen alles zu unternehmen, um direkte Übertragungen aus dem Stadion zu gewährleisten.

Auf diesem Weg galt es, einige Hürden zu meistern, die auch die Inanspruchnahme ausländischer Erfindungen und Patente bedingten. In erster Linie stammten sie vom amerikanischen Fernsehpionier Philo Taylor Farnsworth sowie vom russischstämmigen Elektrotechniker Vladimir Kosma Zworykin, der maßgeblich an der Weiterentwicklung der „Braunschen Röhre" sowie an der Entwicklung des „Ikonoskops" mitgewirkt hatte. Letzteres bildete die technische Grundlage für die große Fernsehkamera, die bei den Olympischen Sommerspielen zum Einsatz kam und wegen ihrer auffallenden Erscheinung auch „Fernsehkanone" genannt wurde.[132]

Die Übertragung der Wettkämpfe vom Reichssportfeld in die Fernsehstuben Berlins und zu den wenigen privaten Heimempfängern war eine technische Sensation, die weltweit Beachtung fand. Ausführlich berichteten die Medien der an den Olympischen Spielen teilnehmenden Nationen darüber. Die große Kamera hatte ein Gesamtgewicht von 45 kg und eine Länge von 2,20 m inklusive

132 Vgl. Klaus Winkler: Fernsehen unterm Hakenkreuz. Organisation, Programm, Personal. Medien in Geschichte und Gegenwart, Bd. 1, 2., akt. Aufl., Köln, Weimar u. Wien 1996, S. 124.

Teleobjektiv; es brauchte mehrere Mitarbeiter des Fernsehsenders „Paul Nipkow“, um sie aufzubauen und zu bedienen. Das elektronische Großgerät war mit zwei zentralen Bauteilen ausgestattet: der vom Amerikaner Farnsworth konzipierten Röhre und zwei von Zworykin realisierten elektronischen Bildfängern. In der Nähe des Ziels der 100-Meter-Bahn aufgestellt war sie für die Athleten ebenso wie für die Zuschauer ein Blickfang. Sie wurde auf einem großen, runden Metallfuß strategisch so aufgebaut, dass ihr Objektiv das gesamte Oval des Stadions sowie die Tribüne erfasste, auf der die Repräsentanten aus Staat und Partei der Eröffnung und den Wettbewerben folgten. Aufbau und Betreuung der für die Fernsehübertragungen notwendigen Infrastruktur sowie die Beschallung des Olympiastadions oblagen Technikern der Telefunken AG.

Angesichts des Umstandes, dass erst 1935 ein regelmäßiges Fernsehprogramm eingeführt worden war, konnte man in Bezug auf die Länge des täglich gesendeten Programms von einer enormen technischen Leistung sprechen: Während der 16 Tage dauernden Olympischen Spiele wurden den Zusehern täglich bis zu acht Stunden Programm geboten. Insgesamt waren es 96 Stunden Übertragung der sportlichen Wettkämpfe, die 162.228 Zuseher in Berlin und Leipzig – dorthin wurde das Programm mit einem Breitbandkabel übertragen – verfolgten.[133]

Die erste Sportübertragung im Fernsehen war natürlich mit jenen, die in den 1950er-Jahren folgten, kaum vergleichbar. Einige technische Möglichkeiten fehlten 1936 zur Gänze, wie etwa jene, die Übertragungen auch aufzuzeichnen. Aus diesem Grund ist es kaum möglich, die technische Qualität der damaligen Fernsehbilder zu beurteilen. Die Aktivitäten der Kameramänner, insbesondere beim „Ikonoskop“, waren durchaus Schwerarbeit: Allein der Wechsel eines Objektivs von 50 kg Gewicht verlangte eine gute physische Kondition. Auch die Position der Kamera war aus heutiger Sicht durchaus ungewöhnlich, befand sie sich doch rund einen Dreiviertelmeter unterhalb des Stadionniveaus.

Die Kommentare der „Fernsehreporter“ glichen jenen ihrer Kollegen vom Hörfunk – sie waren mit dem neuen Medium noch nicht

133 Vgl. ebd.; vgl. auch „Ikonoskop/Fernsehkanone“; online unter: youtu.be/myzbymf9C2Y (letzter Zugriff: 24. Februar 2019).

vertraut und verfügten zudem über keine Kontrollmonitore, auf denen sie wie heute das Geschehen hätten mitverfolgen können. Die schwerfällige und unter großer körperlicher Anstrengung zu bewegende „Fernsehkanone“ musste „den Worten des Reporters“ folgen. Das wirkte bisweilen kurios, wenn der Kommentator Abläufe beschrieb, die dem Zuseher verborgen blieben, da sich die Kamera in bestimmten Aufnahmepositionen im toten Winkel befand.[134]

Der deutsche Fernsehsender Paris während des Zweiten Weltkrieges

Das Oberkommando der deutschen Wehrmacht hatte während des Feldzuges gegen Frankreich 1940 eine „Dienststelle des Höheren Nachrichtenführers Frankreich“, besser bekannt unter der Abkürzung HNF, die für Fernmeldewesen zuständig war. Kommandant der Einheit war zunächst Generalmajor Rudolf Schrader, der 1941 von Generalmajor Friedrich Kersten abgelöst wurde. Während dessen Führung wurde zunächst der Abbau der technisch hochwertigen Sendeanlagen verfügt, die vor der Besetzung Frankreichs der Ausstrahlung des Fernseh-Versuchsprogramms gedient hatten. Sie sollten im Zuge der „Rohstoffbeschaffung“ ursprünglich nach Deutschland gebracht werden.

Noch bevor der Auftrag umgesetzt wurde, fiel eine gegensätzliche Entscheidung: Am 20. Mai 1942 gab das Oberkommando der Wehrmacht den Befehl aus, den Sender wieder in Betrieb zu nehmen.[135] Ehemalige Techniker der Reichspost, die den Funkeinsatztrupps (FET) zugeordnet waren und unter dem Befehl der Dienststelle des Höheren Nachrichtenführers standen, hatten nach eingehender Prüfung erkannt, dass es sich bei dem Sender im Eiffelturm mit einer Ausgangsleistung von 30 kW um die weltweit stärkste Fernsehsendeanlage handelte, allen verfügbaren deutschen

134 Vgl. Dietrich Leder: „Die Geschichte der Fußballübertragungen im deutschen Fernsehen“; in: Thomas Schierl (Hg.): Die Visualisierung des Sports in den Medien. Bd. 2: Sportkommunikation, 2., leicht überarb. Aufl., Köln 2008, S. 45 f.

135 Vgl. Winkler: Fernsehen, S. 372 f.; vgl. weiter Andreas Fickers: „Politique de la grandeur“ versus „Made in Germany“. Politische Kulturgeschichte der Technik am Beispiel der PAL-SECAM-Kontroverse, München 2007, S. 71.

Der Eiffelturm diente als Sendemast für den Sender Paris.

Anlagen überlegen. Seine technische Leistungsfähigkeit gab den Ausschlag für die Entscheidung des Oberkommandos der Wehrmacht, den Fernsehsender wieder funktionstüchtig zu machen, nachdem dieser vor dem Einmarsch der deutschen Wehrmacht demoliert worden war. Im Zuge der Reparatur stellte man die französische Zeilenanzahl von 455 auf die deutsche 441-Zeilen-Norm um. Auf der Suche nach geeigneten Räumlichkeiten für ein Studio wurde die Wehrmacht in der Rue de la Université 176/180 fündig: Ein ehemaliger Tanzpalast mit einer Fläche von rund 2300 m^2 eignete sich hervorragend für die Ausstrahlung von Tanz- und Musikrevuen für die Heeresangehörigen aller Waffengattungen, insbesondere jene Soldaten, Unteroffiziere und Offiziere, die in den Lazaretten von Paris behandelt wurden. Dort waren insgesamt 350 bis 400 Empfänger im Einsatz.

Das Studio wurde mit der modernsten damals verfügbaren Technik ausgestattet, hatte eine Klimaanlage, 3000 Lux starke Scheinwerfer sowie 300 stufenförmig angeordnete Sitzplätze, um jedem Besucher uneingeschränkte Sicht auf die Bühne zu ermöglichen. Die Sendungen wurden zweisprachig, auf Französisch und Deutsch, präsentiert. Es waren in der Regel anlassbezogene Unterhaltungssendungen wie „In der Werkstatt des Weihnachtsmannes“, Reportagen mit kulturhistorischem Hintergrund wie „Venezianische Hochzeit“ oder etwa eine Sendung über die „Kulturstadt Dresden“.[136]

Im Zusammenhang mit dem Fernsehsender in Paris war ein Faktum historisch bedeutsam: nämlich die Zusammenarbeit der deutschen Telefunken mit dem französischen Unternehmen Compagnie pour la Fabrication des Compteurs et Matériel d'Usines à Gaz (CdC), basierend auf einem bei der Tagung der Institutionen des Weltrundfunkvereins in Paris 1936 abgeschlossenen Vertrag mit der Bezeichnung „Abkommen Fernsehen betreffend“; er hatte Patenttauschaktivitäten ebenso wie eine gemeinsame Arbeits- und Forschungstätigkeit zum Inhalt. Schwerpunkte der Übereinkunft waren die Entwicklung einer Sendeanlage, die elektronische Bilder

136 Vgl. Petra Truckendanner: „‚Fernsehsender Paris‘. Wehrmachts-TV aus dem Eiffelturm“, spiegel.de vom 3. Dezember 2014; online unter: spiegel.de/einestages/paris-waehrend-der-ns-besatzung-nazi-propaganda-aus-dem-eiffelturm-a-1005998.html (letzter Zugriff: 3. März 2018).

in einer Auflösung von 1000 Zeilen übertragen könnte, und die Produktion von Großbildgeräten sowie Empfangsapparaten mit Bildröhren, die in der Lage sein sollten, hoch aufgelöste Fernsehbilder zu präsentieren, dabei aber zumindest die deutsche 441-Zeilen-Norm erfüllten.

In weiterer Folge bildete dieser Vertrag die Grundlage einer Fernsehachse Berlin–Paris–Rom, bei der die 441-Zeilen-Norm ebenfalls als Basis galt. Die technische Ausstattung lag zur Gänze in der Verantwortung und unter Kontrolle der Telefunken und der CdC. Programmentwicklung und Sendungsgestaltung wurden in enger Kooperation mit der französischen Fernsehanstalt Radiodiffusion nationale (RDN) umgesetzt. Der italienische Rundfunk, der seit 1934 Fernsehversuchsprogramme ausstrahlte, hatte als Verbündeter Deutschlands die 441-Zeilen-Norm bereits übernommen. Die Fernsehachse Berlin–Paris–Rom sollte Grundlage für ein gesamteuropäisches Fernsehsystem entsprechend der militärischen und politischen Planung unter Berücksichtigung ökonomischer Überlegungen bilden.[137] Der Fernsehsender Paris war nicht nur für die Produktion von Sendungen und Übertragungen zuständig, sondern entwickelte auch neue Aufnahmegeräte, wie fahrbare Fernsehkameras und Großprojektoren für die Lazarette, die Fernsehspiele übertragen sollten.

Der Vorsprung der deutschen Technologie wurde vor dem Angriff auf die Sowjetunion auch in Moskau wahrgenommen. Eine Abordnung russischer Elektronikingenieure bekundete anlässlich eines Besuches am 15. August 1940 in Paris die Absicht, die 441-Zeilen-Norm in ihrem Land einzuführen.[138] Überhaupt blieben die Aktivitäten des von der Wehrmacht in Paris betriebenen Fernsehsenders von den Kriegsgegnern nicht unbemerkt. Auch bei den Briten war die Fernsehtechnik weit gediehen. Die British Broadcasting Corporation (BBC) begann Anfang November 1936, regelmäßige Fernsehsendungen auszustrahlen. Die Fernmeldeeinheiten der Streitkräfte errichteten entlang der Kanalküste Empfangsanlagen mit großen Antennen, um das Programm des deutschen Senders im rund 240 Kilometer entfernten Paris analysieren und

137 Vgl. Winkler: Fernsehen, S. 373, 375, 382.
138 Vgl. Faensen: Hightech, S. 86 f.

auswerten zu können. Der britische Aufklärungsdienst erhoffte sich davon strategisch verwertbare Erkenntnisse, insbesondere was die Bombenangriffe der Royal Air Force auf Paris betraf. Man hoffte vergebens: Militärisch Verwertbares erhielten die Briten nicht.[139]

Der Pariser Fernsehsender war ein Meilenstein der Weiterentwicklung eines kontinentalen Radio- und Fernsehnetzes. Nach Kriegsende wurden nahezu alle europäischen Hauptstädte durch Breitband-Koaxialkabel verbunden. Aus deutscher Sicht wurde das Fernsehen in den folgenden Jahren und Jahrzehnten zum Leitmedium. Deshalb hatte es ab 1942 unter der Federführung des Reichsministeriums für Volksaufklärung und Propaganda auch konkrete Überlegungen zur Gründung einer „Europäischen Rundfunk- und Fernsehkammer“ gegeben.[140]

Die Fernsehstuben im Dritten Reich

Mit der Aufnahme des Sendebetriebs und der Festlegung eines regelmäßigen Programmdienstes durch die zuständigen staatlichen Institutionen, wie die Reichsrundfunkgesellschaft und das Reichspost-Zentralamt, die auf rechtlicher Ebene als Eigentümer und Betreiber des Fernsehsenders „Paul Nipkow“ fungierten, waren die räumlichen und technischen Möglichkeiten gegeben, das Medium dem Massenpublikum zugänglich zu machen. Heimempfangsgeräte waren freilich für einen Großteil der Bevölkerung wegen ihres hohen Preises nicht interessant. Der Betrieb von Fernsehstuben sollte Abhilfe schaffen.[141] Am 9. April 1935 öffnete in Berlin die erste Fernsehstube ihre Türen einem neugierigen Publikum, das endlich „lebendige Bilder“ erleben wollte.

Die in der zweiten Hälfte der 1930er-Jahre noch in den Kinderschuhen steckende Fernsehtechnik bot den Zusehern anfangs nicht viel mehr als kontrastarme und meist flackernde Aufnahmen auf einem 18 mal 22 cm großen Bildschirm. Die Besucher jeglichen Al-

139 Vgl. Johann-Felix Leonhard (Hg.): Medienwissenschaft. Ein Handbuch zur Entwicklung der Medien und Kommunikationsformen, Berlin u. New York 2001, S. 1540.

140 Vgl. Winkler: Fernsehen, S. 383.

141 Vgl. Heiko Zeutschner: Die braune Mattscheibe. Fernsehen im Nationalsozialismus, Hamburg 1995, S. 139.

ters blickten dennoch wie gebannt auf die Übertragungen. Rund 40 Personen fasste die erste Fernsehstube in der deutschen Hauptstadt.[142] Von Mai bis September des Jahres 1935 wurden sieben weitere Fernsehstuben in Berlin eingerichtet, dies auch unter dem Eindruck des internationalen Großereignisses im folgenden Jahr: der Olympischen Sommerspiele in der Reichshauptstadt.

Das neue, auf technischer Ebene noch sehr mit seiner Zuverlässigkeit kämpfende Medium wurde nur langsam massentauglich. Ziel der Betreiber war es, noch mehr Menschen aus der Millionenmetropole für das Fernsehen zu gewinnen. Dafür mussten die Bildschirme größer werden. Sogenannte Großbildstellen wurden eingerichtet, die man heute als „Fernsehtheater" bezeichnen würde. In diesen Räumen, die zwischen 120 und 294 Zuschauer fassten, wurde das elektronisch übertragene Bild auf Leinwände von 3 mal 4 m oder 1 mal 1,20 m Größe projiziert. Da die Fernsehstuben keinen Eintritt verlangten, besuchten viele Bürger mit kleinem Einkommen diese öffentliche Einrichtung – so sie einen Platz in einer Fernsehstube ergatterten, konnten sich Menschen mit geringem Wohlstand damit die Kosten für eine Kinokarte ersparen.

Die Olympischen Spiele 1936 in Berlin beförderten den Besuch dieser öffentlichen Räume, in denen die „Fernsehapparate" mit Sportübertragungen, Nachrichten und in der Folge auch mit kurzen Spielfilmen und Kochsendungen unterhielten. Die Reichsrundfunkgesellschaft verzeichnete in der zweiten Jahreshälfte 1936 rund 90.000 Besucher in den Fernsehstuben, die zu den Zeiten der Abendsendungen gut besucht waren. In der Regel beschränkte sich die Sendezeit auf eine Stunde, beispielsweise von 20 bis 21 Uhr, und eine weitere Stunde von 21 bis 22 Uhr. Die späte Sendestunde war oft spärlich besucht. Die schmucklosen Räume mit ihrer kärglichen Einrichtung und den einfachen Holzsesseln, die zu engen Reihen zusammengestellt waren, boten wenig Platz und Bequemlichkeit. Doch die nach heutigen Maßstäben kaum verwendbaren Fernsehbilder von gesellschaftlichen Ereignissen begeisterten die Zuseher.[143] Die Begeisterung war freilich nicht ungeteilt. Als die

---

142 Vgl. Andreas Spinrath: „300 Mann in der guten Stube", spiegel.de vom 7. April 2015; online unter: spiegel.de/einestages/erste-fernsehstube-in-berlin-1935-300-mann-in-der-guten-stube-a-1026668.html (letzter Zugriff: 5. Februar 2018).

143 Vgl. Zeutschner: Mattscheibe, S. 140 f.

ersten Fernsehstuben 1935 öffneten, kamen die meisten Besucher in erster Linie aus Neugier, um das „neue Medium“ zu erleben. Bei vielen Fernsehkonsumenten der Anfangszeit war die Enttäuschung über die Bildqualität groß. Anders als in einem großen Kinosaal, wo man sich bequem in einen weichen, mit Plüsch ausstaffierten Stuhl sinken ließ und gebannt auf eine große Leinwand blickte, strapazierte man in der Fernsehstube die Augen – vor allem, wenn man in einer der hinteren Reihen saß. Dennoch etablierte sich das Fernsehen ab 1937 und wurde von der steigenden Zahl von Menschen, die regelmäßig eine der elf Fernsehstuben in Berlin besuchten, als Medium geschätzt, mit dem sich die neuesten Meldungen nicht nur akustisch, sondern auch visuell wahrnehmen ließen.[144]

Um seine Präsenz in der Bevölkerung zu behaupten, musste das neue Medium in seiner Anfangsära viele kleinere und größere Schritte setzen. Für die damals bereits etablierten Medien wie Rundfunk und Film stellte das Fernsehen noch keine ernsthafte Konkurrenz dar. Durch die sich stetig verbessernde Technik gelang es aber, immer mehr Zuseher von der Verlässlichkeit der Nachrichtenquelle zu überzeugen. Der deutsche Journalist und Medienbeobachter Kurt Wagenführ hat sich mit der Häufigkeit der Besuche von Fernsehstuben im Jahr 1937 beschäftigt – unabhängig von der vom Reichspostdienst getätigten Erhebung, wonach binnen sieben Monaten 90.000 Menschen die Fernsehstuben aufgesucht hätten. Wagenführ setzte für seine Untersuchung andere Erhebungsparameter. So gelang es ihm, nachzuweisen, dass die vom Reichsrundfunk betriebenen Empfangsräume in den Arbeiterbezirken Berlins, wie Pankow, die über eine hohe Siedlungsdichte verfügten, die höchsten Besucherzahlen verzeichneten. Damit war auch klar, wen man mit dem Angebot der Fernsehstuben in erster Linie erreichen wollte, nämlich die wirtschaftlich weniger potenten Bevölkerungsschichten. In den westlichen Vierteln der Reichshauptstadt, in denen die Oberschicht lebte, wurden die öffentlichen, kostenfreien Fernsehräume weit weniger besucht. Lediglich 15.000 Besucher zählten die Organe dort. Der Grund dafür: Die Bewohner wollten lediglich einmalig die Wirkung des neuen Mediums ken-

144 Vgl. Winkler: Fernsehen, S. 195.

nenlernen, verfügten aber ohnehin über die Mittel, sich gegebenenfalls ein Fernsehempfangsgerät für das eigene Heim anzuschaffen.

Die Preise für private Empfangsgeräte lagen mit 2500 bis 3000 Reichsmark in astronomischen Höhen; nur sehr wenige Berliner konnten sie sich leisten. Dementsprechend ergab eine Erhebung der Reichspost-Forschungsanstalt im Juni 1937 auch, dass zu diesem Zeitpunkt nur 75 Heimempfangsgeräte angemeldet waren.[145] Doch die schmucklosen Fernsehstuben mit den harten Holzstühlen sollten bei der Verbreitung des Fernsehens nur eine „Zwischenlösung“ bleiben, die bewegten Tonbilder im eigenen Heim in naher Zukunft auch für den „kleinen Mann“ leistbar werden. Der in großen Stückzahlen produzierte Rundfunk-„Volksempfänger“ hatte den Einzug in die Wohnungen und Häuser der Reichsbürger bereits geschafft. Der Plan, auch die Anzahl von Fernsehheimempfängern zu steigern, war angesichts des hohen Verkaufspreises der Herstellerfirmen wie Telefunken oder Radio AG DS Loewe viel schwerer umzusetzen. 1938 beschränkte sich der Fernsehempfang auf den Großraum Berlin, konkret auf die Sendegebiete Bro-

Große Deutsche Rundfunkausstellung am 5. August 1938: Joseph Goebbels mit dem Präsidenten der Reichsrundfunkkammer Hans Kriegler vor einem Radiogerät („Volksempfänger“).

145 Vgl. ebd., S. 196 f.

ken, Großer Feldberg und das Stadtgebiet der Reichshauptstadt. Von den rund 4,6 Millionen Menschen, die hier lebten, war nur eine Minderheit von etwa 36.000 finanziell in der Lage, ein Fernsehgerät zu kaufen, und das auch nur dann, wenn der Preis unter 600 Reichsmark lag.

Das öffentliche und politische Interesse daran, das Medium einem Massenpublikum zugänglich zu machen, war jedenfalls groß. So überlegte sich der technische Leiter des Fernsehsenders „Paul Nipkow" Ernst Augustin ein Mietmodell, mit dem die Bürger ähnlich wie bei den Telefonapparaten ein Gerät gegen eine Gebühr von zwischen 15 und 20 Reichsmark monatlich in ihren Wohnungen verwenden könnten. Nach diesem Plan hätte man im Sendegebiet rund 530.000 Zuseher gewonnen, und die Zahl hätte sich aufgrund der Tatsache, dass in einem Haushalt mehrere Personen lebten, noch um ein Vielfaches erhöht: Augustin ging dabei von Haushalten mit vier oder mehr Personen aus und errechnete eine Zahl von 2,2 Millionen möglichen Fernsehkonsumenten in Berlin sowie im Einzugsgebiet der Stadt.[146] Die Idee, Fernsehgeräte an die Bevölkerung zu vermieten, wurde indes nicht weiter verfolgt. Die Zahl der privaten Fernsehempfangsgeräte blieb klein. Verfügten im Jahre 1937 gerade einmal 75 Personen in der Reichshauptstadt über ein eigenes Empfangsgerät, erhöhte sich die Zahl bis 1939 nur um 125 weitere Bürger. Dies stand in keiner Relation zu damals verwendeten Rundfunkempfängern: 1937 waren exakt 8.167.957 Rundfunkgeräte in ganz Deutschland angemeldet.[147]

Viel mehr bewegte aber die Fernsehbetreiber jener Zeit, die Reichspost und die Reichs-Rundfunkgesellschaft, die weit wichtigere ökonomische Frage: Wie sollte man den kostenintensiven technischen Ausbau des Fernsehens und die damit verbundenen Forschungstätigkeiten weiter finanzieren, die den öffentlichen Haushalt mit rund 2 bis 2,5 Millionen Reichsmark belasteten? Die Einführung einer Fernsehgebühr in der Höhe von fünf Reichsmark wurde erwogen, die aber nicht ausschließlich die Konsumenten der bewegten elektronischen Bilder und die wenigen Besitzer von Fernsehgeräten zu bezahlen gehabt hätten. Die Entschei-

146 Vgl. ebd., S. 199.

147 Vgl. Erwin Reiss: „Wir senden Frohsinn". Fernsehen unterm Faschismus. Das unbekannte Kapitel deutscher Mediengeschichte, Berlin 1979, S. 85.

Pausenbild des Fernsehsenders „Paul Nipkow“, Berlin (1935).

dung über die Gebührenhöhe verursachte Spannungen zwischen der Fernseh AG und dem Reichspostministerium: Letzteres führte für die notwendige Gebühreneinführung den hohen finanziellen Aufwand der Forschungstätigkeit ins Treffen, durch die sich der neue elektronische Informationsträger von Jahr zu Jahr technisch verbesserte. Letztlich wurden die Gebühren nie eingeführt.

Zu Kriegsbeginn war jedenfalls das grundlegende Problem, nämlich die Erhöhung der Zuschaueranzahl, nicht gelöst. Ähnlich wie beim „Volksempfänger" galt es, ein preisgünstiges, einheitliches Empfangsgerät zu einem niedrigen Anschaffungspreis zu entwickeln. Unter der Leitung der Forschungsanstalt der Deutschen Reichspost sollten jene fünf deutschen Unternehmen, die zur Entwicklung der Fernsehtechnik in den 1930er-Jahren am meisten beigetragen hatten und auch über die produktionstechnischen Voraussetzungen verfügten, den Einheits-Fernsehempfänger mit der technischen Bezeichnung „E 1" in Serie herstellen. Die Telefunken AG, die Fernseh AG, die Radio AG DS Loewe, die Lorenz AG sowie die TeKaDe AG wurden daher mit der Fertigung des Einheits-Fernsehempfängers beauftragt. Das mit Holz verkleidete Tischgerät, das 33 Kilogramm wog und einen Bildschirm von 19,5 mal 22,5 cm hatte, sollte das tägliche Fernsehprogramm des Senders „Paul Nipkow" in viele Wohnzimmer der Reichshauptstadt und ihrer unmittelbaren Umgebung bringen. Der „E 1" verfügte über 15 Röhren und war als Kombinationsgerät angelegt: Man konnte mit ihm nicht nur das Fernsehprogramm empfangen, sondern auch Radio hören. Der Preis war mit 650 Reichsmark niedrig angesetzt und dennoch zu hoch für jene, die mit einem mittleren Gehalt auskommen mussten. Das monatliche Durchschnittsgehalt eines Arbeiters betrug zu dieser Zeit um die 325 Reichsmark.[148]

In der ersten Tranche sollten 4600 Stück hergestellt werden: jeweils 1250 Geräte von Telefunken und Fernseh AG, je 800 von Radio AG DS Loewe und Lorenz AG sowie 500 vom Unternehmen TeKaDe. Die Produktion des „E 1" begann im November 1938,[149] kam aber wegen Zulieferschwierigkeiten und mangels verfügbarer

148 Vgl. Eva Susanne Breßler: Von der Experimentierbühne zum Propagandainstrument. Die Geschichte der Funkausstellung 1924 bis 1939, Köln, Weimar u. Wien 2009, S. 230.

149 Vgl. Winkler, Fernsehen, S. 202.

Rohstoffe nicht in Gang. Für die Präsentation des Einheits-Fernsehempfängers am 28. Juli 1939 bei der Funkausstellung in Berlin wurden 25 handgefertigte Exemplare in die Ausstellungshalle gebracht. Insgesamt sollten 10.000 „E 1“ die mit der Fertigung beauftragten Betriebe verlassen. Der Beginn des Zweiten Weltkrieges mit dem Einmarsch der Wehrmacht in Polen verhinderte jedoch die weitere Erzeugung.[150]

Zweiter Weltkrieg: Die militärische Nutzung des Fernsehens

Wie oben bereits ausgeführt, übernahm das SPK mit Kriegsbeginn auch mit Blick auf das Fernsehen die Koordination. Nun ging es zum Beispiel um Fernsehaufnahmen für die Luftaufklärung, im weiteren Kriegsverlauf um die Fernsehlenkung von Flugabwehrraketen oder Gleitbomben sowie um Infrarotnachsichtgeräte.

Nach den Ausführungen von Wolfgang-D. Schröer[151] erging 1940 ein „Auftrag für Zielzuweisungsgeräte“ an die RPF. Für die in der Entwicklung befindliche Gleitbombe Hs 293 sollte von der Berliner Fernseh GmbH eine kleine Fernsehkamera entwickelt werden. 1942 wurde dieser Auftrag dahingehend erweitert, dass ein dazugehöriger Sender, Empfänger und ein Sichtgerät (Monitor) entwickelt werden sollten. Entsprechend sollte das Zielzuweisungsgerät aus drei Teilen bestehen, nämlich aus einer

- Fernsehkamera Baugruppe, die in den Lenkkörper eingebaut werden sollte (Tarnname „Tonne“);
- aus einem zur Kamera gehörenden Sender für drahtlose Übertragung des Fernsehsignals aus dem Lenkkörper und einem
- Sichtgerät (Miniatur-Fernsehempfänger mit Hochfrequenzteil, Tarnname „Seedorf“)[152].

Die RPF erzielte dabei laut britisch-amerikanischen Geheimdienstberichten, so konstatiert Faensen, „beachtliche Erfolge“; aber auch

150 Vgl. ebd., S. 203.
151 Schröer: Lenkkörper, S. 12.
152 Ebd.

Die Henschel Hs 293 war eine funkferngesteuerte deutsche Gleitbombe, die vor allem für den Einsatz gegen Schiffe vorgesehen war. Die Waffe war einer der ersten Vorgänger heutiger Seezielflugkörper. Die Gleitbombe wurde in Schönefeld bei Berlin von der Henschel Flugzeug-Werke AG entwickelt und gebaut.

hier gelte, dass die „technologische Umsetzung“ für Rüstung und Kriegsführung „zu spät“ kam[153]. Fernsehen meint hier zum Beispiel, wie Faensen ausführt, die Entwicklung von Kleinbild-Kameras und „batteriegespeicherter Sender“ als „Zielansteuerungsgeräte“. Die

153 Faensen: Hightech, S. 92.

Fernsteuerung mit Fernsehbildern wurde als Königsweg zur Bewältigung aller Fernsteuerungsprobleme angesehen. Das Ziel, formuliert auf der Geheimkonferenz der Deutschen Akademie für Luftfahrtforschung, lautete: die Entwicklung eines „betriebssicheren Fernseh-Zielansteuerungsgeräts, kombiniert mit Wärme- und Optiksensoren und – zur Zielerkennung – mit Radar"[154].

Beim Bau von Gleitbomben konnten deutsche Techniker auf Erfahrungen aus der Zeit der Weimarer Republik aufbauen. Da das Deutsche Reich in dieser Phase keine Kriegsflugzeuge bauen durfte, verlegte man sich auf den Gleit- und Segelflug. Bereits 1932 wurden mit unbemannten Flugkörpern, wie Schröer berichtet, so gute Ergebnisse erzielt, dass deren Einsatz als Träger für Explosivstoffe nahelag.[155] Bereits Mitte Dezember 1940 wurde der Abwurf einer Gleitbombe Henschel Hs 293 von einem Flugzeug erfolgreich getestet.

Für die Lenkung von Hs 293 wurden, wie erwähnt, ein Fernsehsuchkopf und ein Sender („Tonne") an Bord der Lenkbombe und ein Sichtgerät („Seedorf") im Trägerflugzeug entwickelt. Diese Anlage ermöglichte es erstmals, dass ein Bomber nach Abwurf der Waffe abdrehen konnte, ohne das Ziel im Blick behalten zu müssen. Das hatte mit Blick auf die Schiffsbekämpfung, für die die Hs 293 vor allem konzipiert wurde, den Vorteil, nicht weiter dem Flakfeuer des gegnerischen Schiffes ausgesetzt zu sein, was bei der ferngelenkten Fallbombe Fritz X[156] nicht möglich war.

Die Fernsehkamera war im Bug der Gleitbombe installiert; die übermittelten Zielbilder wurden über einen UKW-Sender an den Bildempfänger im Lenkflugzeug weitergeleitet, sodass sie der Bombenschütze zur Zielsteuerung nutzen konnte.

Die Kombination aus Sender, Senderendstufe und TV-Empfänger wurde in nur geringer Stückzahl (ca. 260) bei der Fernseh GmbH (Bosch) gebaut und erprobt, gelangte aber nicht mehr zur Serienreife.

Der erste erfolgreiche Einsatz einer Hs 293 fand am 27. August 1943 statt; eine von einer Do 217 abgeworfene Gleitbombe brachte die HMS „Egret" nahe der spanischen Hafenstadt Vigo

154 Ebd., S. 94.
155 Schröer: Lenkkörper, S. 14.
156 Siehe hierzu S. 106 ff. im Buch.

zum Kentern. Fast die gesamte Besatzung kam ums Leben. Fritz Trenkle gibt an, dass von 500 ferngesteuerten Flugkörpern der Bauart Hs 293 und Fritz X bis August 1944 40 Kriegsschiffe, darunter fünf Schlachtschiffe, entweder versenkt oder stark beschädigt wurden.[157] Die Alliierten versuchten, diesen Raketen mit Funkstörung zu begegnen.

Ab Sommer 1944 waren Gleitbombenangriffe aufgrund der alliierten Luftüberlegenheit aber kaum mehr möglich und wurden nur noch selten durchgeführt. Bereits vorher wurden etliche Do 217 bei Gleitbombenangriffen durch die gegnerische Flak oder durch Flugzeuge abgeschossen.[158]

Fernlenk-Fernsehkamera „Tonne“ der Hs 293.

157 Fritz Trenkle: Die deutschen Funklenkverfahren bis 1945, Heidelberg 1982.

158 Vgl. Manfred Griehl: Deutsche Raketen und Lenkwaffen bis 1945, 2. Aufl., Stuttgart 2015, S. 82.

Miniatur-Fernsehempfänger „Seedorf“ für das Trägerflugzeug der Hs 293.

Exkurs: Die Entwicklung „intelligenter Waffen"

Der 9. September 1943 ist mit Blick auf die Entwicklung „intelligenter Waffen" ein markantes Datum. An diesem Tag wurde mit der Lenkbombe Fritz X[159] das italienische Schlachtschiff „Roma" als erstes Großkampfschiff überhaupt versenkt. Zwei Tage später traf die neue deutsche Gleitbombe den Kreuzer USS „Savannah", der schwer beschädigt wurde. Damit war das Zeitalter gelenkter

Die USS „Savannah" wird am 11. September 1943 vor Salerno von einer deutschen funkgesteuerten Fritz-X-Bombe getroffen. Die Fallbombe traf die Oberseite des dritten Geschützturms des Schiffes und drang tief in den Rumpf ein, bevor sie explodierte. WikiMedia Commons / Naval Historical Center (gemeinfrei)

Bomben eingeläutet. Von der Fritz X und der Hs 293 führt eine direkte Linie zu den heutigen laser- und GPS-gesteuerten Bomben.

Verschiedene Arbeitsgruppen hatten gleich mehrere unterschiedliche Lenkwaffen entwickelt. Zum Einsatz kamen aber in der Zeit von 1943 bis 1945 nur mehr einige wenige, die aber die Erwartungen erfüllten. Allerdings hatten diese Waffen keinerlei Bedeutung für den Kriegsverlauf, dafür kamen sie zu spät.

Die bereits angesprochene V1, der Marschflugkörper Fi 103 der Fieseler-Werke, kann als erste, wenn auch noch primitive Lenk-

159 Andere Bezeichnungen für die Lenkbombe lauteten X-1, Ruhrstahl SD 1400 X, PC 1400 X und FX 1400.

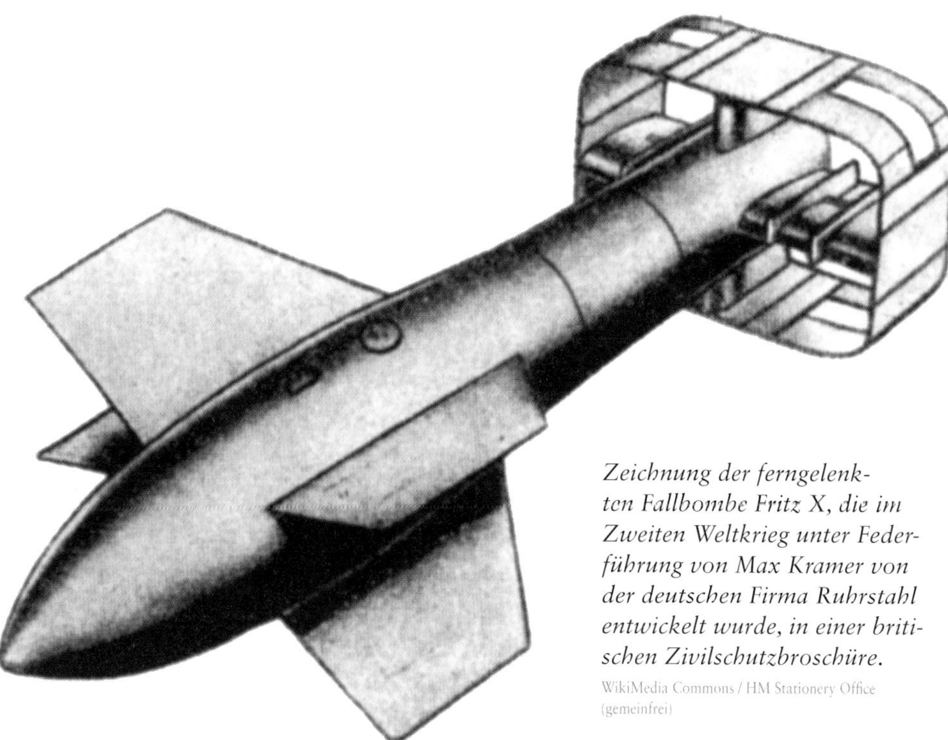

Zeichnung der ferngelenkten Fallbombe Fritz X, die im Zweiten Weltkrieg unter Federführung von Max Kramer von der deutschen Firma Ruhrstahl entwickelt wurde, in einer britischen Zivilschutzbroschüre.

WikiMedia Commons / HM Stationery Office (gemeinfrei)

waffe gelten. Eine Schaltuhr, die nach einer bestimmten zurückgelegten Distanz das Staustrahltriebwerk abschaltete und die Waffe damit zum Absturz, sprich in den erhofften Zielraum brachte, bildete den Kern der „Lenkung". Eine Korrektur der Flugbahn war nach einem Abschuss nicht mehr möglich. Von einer effizienten Waffe kann daher keine Rede sein. Ihr Hauptnutzen kann wohl darin gesehen werden, dass sie Teile der RAF zu ihrer Bekämpfung band, die deshalb nicht in den Luftkrieg über Deutschland eingreifen konnten.

Technisch weitaus ambitionierter als die V1 war die ballistische Rakete A4, heute vor allem als V2 bekannt. Sie wurde mittels Trägheitsnavigation auf Basis von Gyroskopen (Kreiselinstrumenten) zum zuvor eingestellten Ziel dirigiert. Eine Möglichkeit der Abwehr gegen die Rakete gab es nicht. Diese Waffe hatte allerdings bestenfalls eine psychologische Wirkung; ihr militärischer Nutzen blieb weiter hinter den Erwartungen zurück. Immer wieder wird in diesem Zusammenhang darauf verwiesen, dass beim

Bau der A4/V2 wohl mehr Zwangsarbeiter ums Leben gekommen seien als Angehörige der Feindnationen.

Die wohl beste deutsche Lenkwaffe des Zweiten Weltkrieges war die Hs 293; ihre Durchschlagskraft reichte allerdings nicht aus, um große, gepanzerte Kriegsschiffe zu versenken. Die „Welt“ wies darauf hin, dass der Gefechtskopf der Fritz X im Vergleich zur Hs 293 kaum größer gewesen sei, aber „die Einschlaggeschwindigkeit der frei fallenden Lenkwaffe deutlich höher“.[160]

Entwickelt wurde die Fritz X unter Federführung des Luftfahrtingenieurs Max Kramer von der Firma Ruhrstahl, der auch an den drahtgesteuerten, raketengetriebenen Lenkwaffen X-4 (gegen Flugzeuge) und X-7 (gegen Panzer) arbeitete. Die Fritz X war die erste in Serienproduktion hergestellte Lenkbombe weltweit und ist damit einer der Vorgänger von Seezielflugkörpern bzw. präzisionsgelenkter Munition. Alle diese Lenkwaffen mussten auf Sicht gezielt gelenkt werden.

Während die Fritz X ab Herbst 1943 mit zum Teil beachtlichen Erfolgen zum Einsatz kam, reichte es für X-4 und X-7 wohl nicht mehr zum Einsatz; möglicherweise kam die X-7 noch in der Schlussphase des Krieges an der Ostfront zur Anwendung. Bisher konnte dies aber nicht verifiziert werden. Die X-4 kam wohl über Probeschüsse nicht hinaus. Auch für diese und etliche andere Projekte, über die Manfred Griehl in seinem Buch „Deutsche Raketen und Lenkwaffen“[161] einen Überblick gibt, gilt: Der waffentechnische Vorsprung, der mit diesen Innovationen verbunden war, konnte nicht mehr ausgespielt werden und hätte wohl auch am Kriegsausgang nichts mehr geändert.

---

160 Johann Althaus: „Schon die Nazis bauten smarte Bomben“, welt.de vom 5. Februar 2016; online unter: welt.de/geschichte/zweiter-weltkrieg/article151740068/Schon-die-Nazis-bauten-smarte-Bomben.html (letzter Zugriff: 8. Dezember 2021).

161 Vgl. Griehl: Raketen und Lenkwaffen.

Kapitel IV

Ersatzstoffherstellung

Die Buna-Werke

Dem Bau und den technischen Entwicklungen der ersten Synthesekautschuk-Produktionsstätte in Deutschland, den Buna-Werken in Schkopau zwischen Merseburg und Halle an der Saale in Sachsen-Anhalt, ging die Entdeckung des Kautschuks durch die Spanier im 16. Jahrhundert voraus: Bei der Besetzung der Lebensräume der Inka- und Maya-Völker wurden sie mit einem sonderbaren, verformbaren Stoff konfrontiert, der immer wieder in die ursprüngliche Form zurückkehrte, so sehr man ihn auch drückte und verbog. Diese eher weiche Substanz, die die Indianer „Kaou-tschou“ oder den „Stamm, der tränt“ nannten, wurde in Europa als Kautschuk bekannt und war in den Jahren der Gründerzeit der Großindustrie ab der zweiten Hälfte des 19. Jahrhunderts dank ihrer vielseitigen Verwendbarkeit äußerst begehrt.

Insbesondere die rasch wachsende Autoindustrie hatte Bedarf an riesigen Mengen Kautschuk, vor allem für die Erzeugung von Gummireifen. Bekannte deutsche Fahrzeughersteller wie Daimler-Benz, Maybach oder Opel und in Frankreich Peugeot, Citroën oder Renault benötigten Tausende von Tonnen dieses Materials, das von den Kautschukplantagen in Mittel- und Südamerika sowie aus Ostindien eingeführt werden musste. Die Verwendung von Naturkautschuk in derart großen Mengen konnte allerdings langfristig keine Lösung sein, da die Ressourcen begrenzt waren. In der chemischen Industrie wurde also nach künstlichen Alternativen geforscht: Der „Kautschuk aus dem Labor“ sollte den Kautschuk aus der Natur ablösen.

Das erste entsprechende Verfahren wurde 1909 von Bayer umgesetzt, rentierte sich aber wegen der hohen Herstellungskosten nicht. Erst 20 Jahre später gelang es den Wissenschaftlern der IG Farben, auf der Suche nach kostengünstigeren Methoden eine Formel abzuleiten, die am 21. Juni 1929 zum Patent angemeldet wurde. Die IG Farben übernahm damit europaweit die Vorreiterrolle bei der Herstellung von künstlichem Kautschuk, und die Bezeichnung „Buna" – ein Akronym aus den Bestandteilen BUtadien und NAtrium – etablierte sich nicht nur in der Fachwelt, sondern auch in breiten Kreisen der Bevölkerung.

Nach der Machtergreifung der Nationalsozialisten sollte Deutschland in den folgenden Jahren kriegstauglich gemacht werden. Im Zusammenhang damit wurde auch die Errichtung eines großen Synthesekautschukwerkes beschlossen und 1936 dessen Grundstein gelegt. Ein Jahr danach stand das Werk bereits im Vollbetrieb. Die Rohstoffe für die Kriegsindustrie mussten autark verfügbar sein. Die Erfüllung dieser Vorgabe oblag nicht nur der chemischen Industrie im Reichsgebiet, sondern schloss alle Bereiche der Wirtschaft ein. In den 1930er-Jahren lag Deutschland an der Weltspitze bei der Produktion von künstlichem Kautschuk, der für die Fahrzeugindustrie sehr wichtig war. Gummireifen für alle Arten von Kraftfahrzeugen sollten die technische Überlegenheit Deutschlands ebenso unter Beweis stellen wie die Unabhängigkeit von Rohstoffimporten. Auf der Automobilausstellung 1936 in Berlin wurden die Spitzenmodelle repräsentativer Autokonzerne wie Mercedes-Benz oder Horch sowie der neue Volkswagen mit Buna-Bereifung der Öffentlichkeit vorgestellt. Künstlicher Kautschuk wurde aber nicht nur in der Reifenproduktion verwendet, sondern kam ebenso in Dichtungen für Motorblöcke, Ventile, Leitungen, Glaskanzeln von Flugzeugen sowie Geschützen zum Einsatz, um nur einige aus einer Vielzahl von Anwendungsbereichen zu nennen. Die Forschungsabteilung des Buna-Werks arbeitete ständig an einer Qualitätsverbesserung der kriegswichtigen Produkte. In den Kriegsjahren wurde die Produktion von künstlichem Kautschuk regelmäßig gesteigert, 1944 lag sie bei rund 117.000 t – angesichts der Kriegslage eine Meisterleistung.[162]

---

162 Vgl. Deutschlandradio Kultur: „Kalender-Blatt, 21. Juni 2004: Die IG-Farben erhält das Patent auf BUNA, synthetischen Kautschuk, vor 75 Jahren"; online unter: dradio.de/dlr/sendungen/kalender/278130/1.11.2018; vgl. auch: deutsches-chemie-museum.de/index.php?id=53 (letzter Zugriff: 2. November 2018).

Die große Zahl der technischen Teilbereiche des IG-Farben-Großkonzerns repräsentierte in den 1920er- und 1930er-Jahren die deutsche chemische Industrie. Im Chemie-Museum Merseburg zeugen einige erhalten gebliebene Produktionsanlagen von der Hochtechnologie jener Ära. Die „Herzen" und die „Nervenstränge" jeder Anlage der chemischen Industrie bildeten Pumpen und Kompressoren, verbunden durch ein Netz aus Rohrleitungen. Eine weitere technische Einheit war die Ammoniak-Synthesekammer zur technischen Verbindung dieses Elements nach dem von den deutschen Chemieingenieuren Fritz Haber und Carl Bosch um 1900 entwickelten Haber-Bosch-Verfahren. Diesen Teil der Produktionsanlage bezeichnete man auch als Ammoniakreaktor. Ein weiterer Standort zeigt die technischen Voraussetzungen für die Kohlehydrierung, zu deren wichtigsten Elementen die Kohlebreipresse zählt. Eine wichtige Einrichtung bei der Herstellung von künstlichem Kautschuk ist die Kautschukbandmaschine, die im Buna-Werk Schkopau eingesetzt wurde.[163]

Künstlicher Kautschuk gehörte zwar zu den wichtigsten Produkten des Unternehmens, doch auch andere kriegswichtige Chemikalien wie Polyvinylchlorid, besser bekannt als PVC, oder Trichlorethylen, das als Weichmacher bei der Kunststofferzeugung verwendet wird, Formaldehyd, wesentlich bei der Produktion von thermoplastischen Kunststoffen, oder Tetrahydrofuran, das als Lösungsmittel für Lacke und Klebstoffe dient, wurden in Schkopau erzeugt. Ab 1943 gehörten auch Essigsäure, Essigsäureanhydrid und Aceton zum Produktsortiment. Bis 1944 blieben die Buna-Werke von stärkeren Kriegseinwirkungen, insbesondere Luftangriffen, verschont. Ab diesem Zeitpunkt wurden Werksteile durch Bombentreffer beschädigt, die sich aber nicht wesentlich auf den Produktionsprozess auswirkten.[164]

Um den Stand des technischen Fortschrittes und die Überlegenheit bestimmter Industriesegmente, wie beispielsweise der für die Flugzeugproduktion und für die Erzeugung elektrotechnischer Geräte bedeutsamen Aluminiumherstellung, zu belegen, müssen auch die elektrochemischen Werke in Bitterfeld genannt werden.

163 Vgl. online unter: deutsches-chemie-museum.de/index.php?id=53 (letzter Zugriff: 4. November 2018).

164 Vgl. ebd.

Die Verarbeitungsmenge von Aluminium lag 1934 bei 52.500 t, steigerte sich im folgenden Jahr auf 87.000 t und erreichte 1938 den bis dahin höchsten Wert von 176.000 t. In der Forschungsabteilung der Produktionsstätte Bitterfeld wurden auch spezielle Legierungen für Flugzeughersteller entwickelt, wie beispielsweise Hydronalium, eine wasserbeständige Aluminium-Magnesium-Legierung, die in größeren Mengen von den Junkers-Werken in Dessau bestellt und verarbeitet wurde. In einer Darstellung aus dieser Ära steht darüber zu lesen: „Hydronaliumblech und Rohr wird an Stellen verwendet, an denen Schweißung und gute Korrosionsbeständigkeit erforderlich ist, z. B. besteht der vordere Teil der Flügel (Flügelendkappe), in dem die Enteisungsanlage eingebaut ist, aus Hydronalium. Außerdem wird Hydronalium in der Führerraum-Überdachung verwendet.“ Die Legierung eignete sich besonders für den Bau von Wasserflugzeugen, die in größerem Maßstab von der Luftwaffe und der Kriegsmarine bestellt wurden. Um den Bedarf an dieser Legierung in der Vorkriegszeit und in den ersten Kriegsjahren zu decken, wurden zwischen 1935 und 1938 Lizenzen zur Herstellung von Hydronalium an metallverarbeitende Betriebe in ganz Deutschland vergeben.[165]

Die Herstellung von künstlichem Kautschuk

Mit dem Bedarf an Kautschuk wuchs der Wunsch nach Unabhängigkeit von Kautschukimporten aus Ländern wie Indonesien, Malaysia oder Ceylon, die im Einflussbereich Großbritanniens und der Niederlande lagen. Als es Anfang der 1930er-Jahre infolge der Errichtung großer Kautschukplantagen beispielsweise in Indonesien zu einem Preisverfall für Kautschuk auf dem Weltmarkt kam, ließ einer der damals führenden Chemiker Deutschlands, Carl Bosch, die bereits begonnenen Forschungstätigkeiten einstellen und verzögerte damit den Entwicklungsprozess um einige Jahre. Die Grundlage für die Produktion von künstlichem Kautschuk bildeten Polymerisationsverfahren, insbesondere die Emulsionspolymerisati-

165 Vgl. Dirk Hackenholz: Die elektrochemischen Werke Bitterfeld 1914–1945. Ein Standort der IG-Farbenindustrie AG, Münster 2004, S. 242 f.

on, die von den Chemikern Walter Bock und Eduard Tschunkur bereits 1929 in den Bayer-Werken eingesetzt wurde. Die Forscher arbeiteten am „Nachbau" der Molekülstruktur des natürlichen Kautschuks und mussten dabei auch Schwierigkeiten bewältigen, wie etwa die Bildung von Verzweigungen, die auf eine sich stetig reduzierende Beweglichkeit der Butadienmoleküle zurückzuführen war. Erst durch den Einsatz von Schwefelverbindungen ließ sich die Verzweigungsbildung mindern. Dennoch konnte das Polymerisationsverfahren nicht zu 100 Prozent umgesetzt werden und musste bei rund 60 Prozent abgebrochen werden. Erst 1937 gelang es den deutschen Chemikern Kurt Meisenburg und Ingofroh Dennstedt, durch den Einsatz verbesserter „Regler" das Polymerisationsverfahren zu optimieren.[166] In den 1930er-Jahren waren die anfänglichen Probleme gelöst: Die Struktur der Polymere war bekannt, und auf Grundlage dieser Erkenntnisse ließ sich die Technologie der Polymerisation realisieren. Auch die Möglichkeit einer gewollten Eigenschaftsveränderung war gegeben. Synthetischer Kautschuk konnte nun also in großen Mengen hergestellt werden.

Der langwierige, letztlich aber erfolgreiche Weg lässt sich auch auf die Entwicklung und Fertigung anderer elastomerer Grundstoffe umlegen.[167] Bei der Erzeugung von Maschinen sowie Fahr- und Flugzeugen erlangten Kunststoffe ab der zweiten Hälfte der 1930er-Jahre immer mehr Bedeutung. Als ab 1938 die deutsche Industrie größtenteils auf die Produktion von Rüstungsgütern umgestellt wurde, war man bestrebt, insbesondere bei der Rohstoffversorgung autark zu bleiben und das Reich von keinerlei Importen abhängig zu machen. Der Erzeugung von künstlichem Kautschuk kam hier eine wichtige Rolle zu, doch man versuchte, auch andere kostengünstige Quellen der Natur für die Gummi- und Kunststoffproduktion zu erschließen. Was die Gewinnung von Quellen für die Erzeugung künstlichen Kautschuks betraf, stand auch der als Unkrautpflanze geltende Löwenzahn während des Zweiten Weltkrie-

166 Vgl. Rudolf Aust: „Der schwierige Weg zum synthetischen Kautschuk – ein Weg mit Zufällen und Forschungsimpulsen"; in: Mitteilungen der Gesellschaft Deutscher Chemiker / Fachgruppe Geschichte der Chemie 20 (2009), S. 83–97; online unter: gdch.de/fileadmin/downloads/Netzwerk_und_Strukturen/Fachgruppen/Geschichte_der_Chemie/Mitteilungen_Band_20/2009-20-07.pdf (letzter Zugriff: 16. November 2018).

167 Vgl. Aust: „Der schwierige Weg".

ges im Mittelpunkt der deutschen Forschung. Doch man kam nur zögerlich voran – bis Wissenschaftler der Wehrmacht beim Russlandfeldzug im Kaukasus auf eine besondere Art von Löwenzahn aus dem Tian-Shan-Tal in Kasachstan stießen, dessen Saft sich für die Herstellung von künstlichem Kautschuk eignete: „Taraxacum kok-saghyz". Die Deutschen bemächtigen sich der in Russland und der Ukraine bereits bestehenden Technologie und produzierten fortan selbst Kautschuk aus Löwenzahn. Das Potenzial der genügsamen Pflanze, die sogar saure Böden überlebt, für die Kunststofferzeugung wurde vor nicht allzu langer Zeit von der Wissenschaft wiederentdeckt. Intensiv forschen Wissenschaftler seither an den Möglichkeiten der Zucht und der Kautschukgewinnung.[168]

Gummi war eines der wichtigsten Materialien der deutschen Kriegswirtschaft, der Bedarf daran stieg kontinuierlich. Im 1940 eigens errichteten Buna-IV-Werk gelang es erstmals, die Erzeugung von synthetischem Treibstoff und Kautschuk zu kombinieren. Die wichtigste Grundlage war für die deutsche chemische Industrie hier Kohle, da sie nicht nur bei der Erzeugung von Treibstoffen, sondern auch bei der Kautschuksynthese von großer Bedeutung war. Diese beruhte auf der Acetylenchemie, die Basis für weitere Entwicklungen und Produkte bildete.[169] Mit der Erzeugung künstlichen Kautschuks im Dritten Reich vor und während des Krieges war einer der zentralen Schritte auf dem Weg zu einer Rohstoffautarkie getan.

Auch in anderen Bereichen, beispielsweise in der Lebensmittelindustrie, hatte man ähnliche Bestrebungen, um wertvolle Grundstoffe einzusparen. Auf mehreren Ebenen sollte eine Ersatzstoffwirtschaft begründet werden: Die Wissenschaft sollte neue Methoden und Erkenntnisse liefen, um davon ausgehend Produkte massenhaft herstellen zu können. Erfolgreich waren diese Bestrebungen im Bereich der Erzeugung von Kunststoff, mehr noch von Gummi, die von der Wehrmacht mit Beginn des Krieges in großen Men-

168 Vgl. Susanne Donner: „Gummi aus Löwenzahn. Von der Kriegsforschung zur neuen Biotechnologie", faz.net vom 5. August 2008; online unter: faz.net/aktuell/wissen/natur/gummi-aus-loewenzahn-von-der-kriegsforschung-zur-neuen-biotechnologie-1548622.html (letzter Zugriff: 10. Dezember 2018).

169 Vgl. Helmut Maier: Chemiker im „Dritten Reich". Die deutsche chemische Gesellschaft und der Verein deutscher Chemiker im NS-Herrschaftsapparat, Weinheim 2015, S. 30.

gen benötigt wurden. Entsprechend den Berechnungen des deutschen Chemikers und Wehrwirtschaftsführers Carl Krauch sollte der Vorkriegsbedarf an Gummi ab dem Jahr 1943 durch künstlich hergestellten Kautschuk gedeckt werden. Die drei auf Hochbetrieb laufenden Buna-Werke konnten diese Vorgabe erfüllen. Eine komplette Versorgung der Streitkräfte im Sinne der modernen Kriegsführung ließ sich damit allerdings nicht sicherstellen.

Aus diesem Grund wurde 1944 mit der Errichtung eines Zweigwerkes des bis dahin größten Buna-Werkes bei Auschwitz begonnen. Zum Einsatz kam dabei auch der Librettist und Schlagertexter Fritz Löhner-Beda, dessen „Buna-Lied“ daran erinnert. Bis Kriegsende war der Bau des Werkes nicht abgeschlossen. Für die Gummierzeugung war es zu diesem Zeitpunkt auch nicht mehr relevant.

Fabrik der IG Farben in Auschwitz.

Die Herstellung von künstlichem Kautschuk war nicht zur Gänze auf chemischem Wege möglich. Eine bestimmte Menge an natürlichem Kautschuk war für den Produktionsprozess unabdingbar. Daher wurden bestimmte Kontingente des Rohstoffes unter großen Schwierigkeiten zu den Buna-Werken gebracht. Das Kaiserreich Japan, Verbündeter des Deutschen Reiches, leistete diesbezüglich Unterstützung. Die Erzeugung von Buna war außerdem mit einem hohen Energieaufwand verbunden: Für eine Ton-

Kraftwerk der IG-Farben-Werke in Auschwitz.

ne wurden 40.000 kWh Strom benötigt. Im Verhältnis zu diesem großen Aufwand wäre es aus ökonomischer Sicht günstiger gewesen, vor dem Krieg Naturkautschuk in jenen Mengen zu erwerben und fachgerecht zu lagern, die der Produktion des künstlichen Materials entsprochen hätten. Eine autarke und möglichst importunabhängige Wirtschaftsstruktur war eines der wichtigsten politischen Ziele der deutschen Führung. Diese Entscheidung war mit den ökonomischen Zielen der IG Farben gut vereinbar. Im Jahr 1944 wurden exakt 104.000 t Kautschuk verarbeitet, die zur Gänze auf synthetischem Wege erzeugt worden waren. Der hohe Energieverbrauch war jedenfalls kein Argument für eine Reorganisation der Produktion.[170]

Die Herstellung von Polyvinylchlorid

Das vielseitig verwendbare Material Polyvinylchlorid, besser bekannt unter der Abkürzung PVC, kann als einer der Meilensteine

170 Vgl. „Buna (Kautschuk)"; online unter: wikizero.com/de/Buna_(Kautschuk) (letzter Zugriff: 10. Dezember 2018).

deutscher Kunststoffentwicklung Ende der 1920er-Jahre betrachtet werden. Polyvinylchlorid entwickelte sich bald zu einem der bedeutsamsten Erzeugnisse der Kunststoffindustrie – und ist es bis in die Gegenwart geblieben. Die Badische Anilin & Soda Fabrik (BASF) entwickelte durch intensive Forschungstätigkeit diesen neuen Werkstoff, der durch Polymerisation aus Vinylchlorid als weißes, bei 75 °C weich werdendes Pulver entsteht.[171]

Ab dem Jahr 1930 wurde im BASF-Werk in Rheinfelden bei Baden die großtechnische Produktion gestartet. Die Erfolgsgeschichte des neuen Stoffes PVC hatte aber viel früher im Hauptlabor der Badischen Anilin & Soda Fabrik in Ludwigshafen begonnen, wo Acryl und dessen Polymere intensiv beforscht wurden. Resultat war ein neues Verfahren der Polymerisation (Synthesereaktion) von Monomeren (niedermolekularen und reaktionsfähigen Molekülen) wie Vinylchlorid zu PVC, zu Acrylnitril sowie in weiterer Folge zu Polyacrylnitril, kurz PAN, das bei der Herstellung synthetischer Fasern wichtig ist. Parallel dazu arbeitete eine andere Gruppe von Wissenschaftlern an Styrol, einem ungesättigten aromatischen Kohlenwasserstoff, und Polystyrol, einem geschäumten weißen, amorphen oder teilkristallinen Thermoplast, die zwischen 1930 und 1935 zur Produktionsreife im industriellen Sinn gebracht wurden. Eine weitere Gruppe von Forschern beschäftigte sich mit dem Polymerisationsprozess von Ethylen zu Polyethylen. Unter dem Markennamen Lupolen wurde es in die Produktpalette der BASF aufgenommen. 1931 gelang zudem die Schaffung eines neuartigen Industrieklebers mit der Bezeichnung Kaurit. Alle diese weltweit sehr erfolgreichen Produkte waren in ihrer Entstehung gefährdet, als Personalkürzungen durchgeführt und Produktionseinstellungen angedroht wurden. Außerdem kam es immer wieder zur Kürzung der Forschungsmittel. In diesem Zusammenhang spielte auch die Weltwirtschaftskrise eine wesentliche Rolle.[172] Ein großer Entwicklungsschritt hinsichtlich der Verwendbarkeit des neuen Stoffes für neue Industrieprodukte geschah 1935, als

171 Vgl. Der große Brockhaus, 9. Bd., 16., völlig neu bearb. Aufl., Wiesbaden 1956, S. 298; vgl. weiters: „Die Geschichte des PVA"; online unter: www.plasticino.it/balkone/?act=storiapvc (letzter Zugriff: 13. Dezember 2018).

172 Vgl. Werner Abelshauser (Hg.): Die BASF. Eine Unternehmensgeschichte, München 2002, S. 255 f.

erstmals der Plastifizierungsprozess von Hart-PVC bei einer Temperatur von 160 °C gelang. Die ersten aus dem Kunststoff hergestellten Erzeugnisse waren Rohre und Folien. Die Produktion dieser Gebrauchsgüter wurde an die BASF-Standorte Bitterfeld-Wolfen in Sachsen-Anhalt sowie Salzgitter in Niedersachen verlegt.[173]

Polyvinylchlorid war ein für die Herstellung von Leitungsisolierungen, Steckern, Ventilen, Pumpen, Kabelschächten sowie Fahrzeuginnenraum-Verkleidungen willkommenes Material, das in den Betrieben der deutschen Kriegswirtschaft vielseitig zum Einsatz kam. Sein großer Durchbruch erfolgte allerdings erst nach dem Zweiten Weltkrieg, als sich PVC zu den meistproduzierten Kunststoffen der Welt entwickelte.[174]

Die Verwendung von Kunststoffen in der deutschen Kriegsindustrie

Im ersten großen „industriell“ geführten Krieg der Menschheitsgeschichte, dem Ersten Weltkrieg, war wegen des Ausbleibens von Rohstoffimporten die Entwicklung von Ersatzstoffen für nahezu alle Wirtschaftsbereiche notwendig. In der Textilindustrie wurde etwa Baumwolle durch Brennnesselfasern und Papiergarne ersetzt, Schuhsohlen fertigte man beispielsweise aus Holz. Der Rohstoffmangel wirkte sich vor allem auf die Produktqualität in den Rüstungsbetrieben aus, die Ersatzstoffe von minderer Qualität herstellen mussten: So wurden u. a. Treibriemen nicht mehr aus Leder, sondern aus einem Papier-Stoff-Gemisch produziert, das ihre Verwendbarkeit zeitlich beschränkte. Natürlich war auch Gummi eine Mangelware, und daher requirierte das Militär private Fahrzeuge vom Fahrrad bis zum Automobil, um an den begehrten Rohstoff zu kommen. Engpässe gab es auch bei Reinigungsmitteln wie Seife. Da Inhaltsstoffe wie Fette oder Öle von der Lebensmittelindustrie gebraucht wurden, konnte man sie ausschließlich aus Sand, Speck-

173 Vgl. „PVC-Geschichte“; online unter: withoeft.com/wissen/pvc-geschichte (letzter Zugriff: 16. Dezember 2018).

174 Vgl. „1935: Polyvinylchlorid“; online unter: deutsches-kunststoff-museum.de/rund-um-kunststoff/das-lexikon-der-kunststoffe/polyvinylchlorid/ (letzter Zugriff: 18. Dezember 2018).

stein und Tonmineralen herstellen. Der wohl wichtigste Ersatzstoff war künstlich erzeugtes Nitrogenium oder Stickstoff – überlebenswichtig für die Sprengmittelherstellung ebenso wie als Dünger für die Lebensmittelindustrie, da aufgrund der Seeblockade der Briten kein Salpeter aus Übersee, vornehmlich aus Chile, eingeführt werden konnte.[175] Mit der Machtübernahme durch die Nationalsozialisten 1933 änderten sich die wirtschaftspolitischen Vorgaben: Alles wurde nun dem Ziel eines „autarken Wehrstaates" untergeordnet. Da der Erforschung neuer Werkstoffe für alle Waffengattungen absolute Priorität zukam, wurde eine Reihe von Materialforschungseinrichtungen in nahezu allen technischen Bereichen gegründet. Die chemisch-technische Reichsanstalt erhielt ein erweitertes Forschungslabor, die Versuchsanstalt für Luftfahrt ein eigenes Werkstoffforschungsinstitut. Eine der wichtigsten Aufgaben auf dem Weg zur ökonomischen Unabhängigkeit von Rohstoffimporten sollte in der Umstellung von Metall auf Kunststoff liegen, um diesen wertvollen Rohstoff bei der Erzeugung von Komponenten für Fahr- ebenso wie für Flugzeuge einzusparen. Im Jahr 1936 erfolgte die Bekanntgabe der Gründung einer eigenen Fachgruppe für Kunststoffe. Die Idee dazu war aus dem IG-Farben-Konzern gekommen, dem größten Kunststoffhersteller im Deutschen Reich. In den drei Jahren von 1937 bis 1940 wurde die Kunststoffproduktion um 150 Prozent gesteigert. Bis 1944 erreichte sie einen Höchstwert von 250.000 t. Allein 1940 wurden 70.000 t Kunststoff zum Austausch von Metallen eingesetzt.[176] Im Flugzeugbau wurden beispielsweise Flugzeugkanzeln statt aus Glas aus dem viel leichteren Plexiglas gefertigt.[177] Woraus besteht eigentlich „Plexiglas"? Die Bezeichnung steht für Polymethylmethacrylat (PMMA), eigentlich Acrylglas, das durchlässiger für Lichtstrahlen ist und Verzerrungseffekte verhindert.

Kunststoffe wurden auch in der deutschen Waffenindustrie auf vielfältige Art und Weise eingesetzt, beispielsweise bei der Herstel-

175 Vgl. Arnulf Scriba: „Ersatzprodukte", dhm.de vom 8. September 2014; online unter: dhm.de/lemo/kapitel/erster-weltkrieg/alltagsleben/ersatzprodukte.html (letzter Zugriff: 14. Dezember 2018).

176 Vgl. Sören Flachowsky, Rüdiger Hachtmann u. Florian Schmaltz (Hg.): Ressourcenmobilisierung. Wissenschaftspolitik und Forschungspraxis im NS-Herrschaftssystem, Göttingen 2016, S. 282.

177 Vgl. online unter: kunststoffe.de (letzter Zugriff: 16. Dezember 2018).

lung von splittersicheren Luglas-Schutzbrillen, für Gasmasken sowie für Sichtkanzeln von Bombenflugzeugen.[178]

Die Textilfaserherstellung

Einer der Schlüsselbereiche der Wirtschaft im Deutschen Reich war die Gewebe- und Tuchindustrie, die in der ersten Hälfte der 1930er-Jahre die Stabilität der Mark massiv gefährdete. Ein Großteil der Devisenreserven musste für den Import ausländischer Rohstoffe in diesem Segment aufgewendet wurden: 1933 beispielsweise wurden Materialien wie Baumwolle und andere für die Produktion von Bekleidung und Haushaltsartikeln notwendige Arbeitsmittel in Wert von 792 Millionen Reichsmark eingeführt. Das entsprach rund 20 Prozent des Gesamtimportvolumens Deutschlands zu dieser Zeit. Diesem für die Wirtschaftsentwicklung unhaltbaren Zustand begegnete die politische Führung mit einigen verfassungsrechtlichen Änderungen. Eine der ersten war das Spinnstoffgesetz des Jahres 1935, das die Produktionsgrundlagen und die zu verarbeitende Rohstoffagglomeration festlegte, was in besonderem Maße für die „Rohbaumwollmenge" galt. Diese neuen gesetzlichen Vorgaben schlossen auch die Hanfspinnereien mit ein.[179]

In dieser Zeit war die chemische Entwicklung von Kunstfasern das Gebot der Stunde, vor allem auch im Hinblick auf die mehrfache Verwendbarkeit für militärische Zwecke. Der US-amerikanische Chemiker Wallace Hume Carothers war Direktor der Forschungsabteilung des Konzerns DuPont, in dem die Schaffung neuer Werkstoffe Priorität hatte. Seinen ersten Erfolg errang er mit der Erfindung eines elastischen Kunststoffmaterials mit ausgezeichneten Wärmeisolationseigenschaften, heute als Neopren bekannt. Weltberühmt sollte den Wissenschaftler jedoch eine andere Entwicklung machen: die Polyamidfaser 6.6, besser bekannt als Ny-

178 Vgl. „Otto Röhm"; online unter: deutsches-kunststoff-museum.de/rund-um-kunststoff/erfinder/otto-roehm/ (letzter Zugriff: 16. Dezember 2018).

179 Vgl. Gerd Höschle: Die deutsche Textilindustrie zwischen 1933 und 1939. Staatsinterventionismus und ökonomische Realität, Stuttgart 2004, S. 28.

lon.[180] Carothers meldete am 28. Februar 1935 Nylon zum Patent an. Drei Jahre später wurden die ersten Strümpfe aus diesem Material hergestellt und fanden reißenden Absatz.

Der in Stuttgart geborene Chemiker Paul Schlack befasste sich bei Agfa in Wolfen mit der Herstellung von Kunstseide. Seine unermüdliche Arbeit war vom Ziel geprägt, einen mottensicheren Faden zu kreieren, der in hohem Maße reißfest und strapazierfähig war. Paul Schlack arbeitete mit Hochdruck an seiner Faser. In der Nacht vom 28. auf den 29. Januar 1938 gelang Schlack und einem seiner engsten Mitarbeiter die vollständige Umsetzung seiner Pläne. In den Abendstunden hatte der Forscher mit Caprolactam, dem Basisstoff für die Herstellung von Polyamid 6, und einer nahezu vernachlässigbaren Menge an Aminocapronsäurehydrochlorid sowie Wasser experimentiert. Durch Erhitzung des Gemischs auf 240 °C in einem sogenannten Bombenofen entstand eine Masse, aus der sich hochelastische Fäden ziehen ließen, die nicht rissen. Der Vorgesetzte von Paul Schlack betrachtete die zähe Masse und fragte Schlack, ob denn der Faden nie reiße? Selbstbewusst antwortete der gebürtige Stuttgarter: „Dieser Faden spinnt bereits fünf Stunden aus der Düse und wird erst abreißen, sobald der Vorrat an Schmelze erschöpft ist." Damit war das nahezu unverwüstliche Perlon erfunden. Im Sommer des Jahres 1938 meldete Paul Schlack die Erfindung unter der Nummer 748253 als Reichspatent an. Die ersten Damenstrümpfe wurden nun aus diesem Material produziert und liefen den bis dahin in großen Mengen verkauften Seidenstrümpfen in kürzester Zeit den Rang ab. Aber auch die deutsche Wirtschaft – zu diesem Zeitpunkt bereits auf die Produktion kriegswichtiger Produkte ausgerichtet – zeigte Interesse. Die neue Kunstfaser Perlon eignete sich hervorragend für die Herstellung von Hochdruckschläuchen für Flugzeugreifen, ebenso für die Produktion von Seilen und Borsten für die Waffenreinigung. Schließlich wurden in großer Stückzahl Fallschirme für die deut-

180 Vgl. „Chemie am Menschen – Kunststoffe"; online unter: chemiezauber.de/inhalt/q2/kunststoffe/die-ersten-kunststoffe/717-entwicklung-einer-kunstfaser-l%C3%B6st-die-seidenraupe-ab.html (letzter Zugriff: 16. Dezember 2018); vgl. weiters „Polyamidfasern"; online unter: chemgapedia.de/vsengine/vlu/vsc/de/ch/9/mac/stufen/polykondensation/polyamide/pafaser.vlu/Page/vsc/de/ch/9/mac/stufen/polykondensation/polyamide/perlon.vscml.html (letzter Zugriff: 18. Dezember 2018).

sche Luftwaffe hergestellt. Paul Schlack erhielt für seine Erfindung das Kriegsverdienstkreuz I. Klasse.

Die Erzeugung von synthetischem Benzin

Die Forschung nach Ersatzstoffen für die Herstellung von Benzin setzte im Deutschen Reich keineswegs erst in der Zeit des Nationalsozialismus ein, sondern bereits nach dem Ersten Weltkrieg. Hierfür waren verschiedene Gründe maßgebend: Einmal wurden die kostspieligen Importe aufgrund der angespannten wirtschaftlichen Situation infrage gestellt. Aufgrund dessen wurde eine weitgehend autarke Versorgung ins Auge gefasst. Zum anderen verfehlten Prognosen, nach denen mit einer baldigen Erschöpfung der globalen Erdölvorräte zu rechnen sei, in Deutschland ihre Wirkung nicht.

In den Leunawerken wurde die Herstellung von synthetischem Ottokraftstoff bereits in der Zeit der Weimarer Republik aufgenommen. Hierfür kreierte die IG Farben die Bezeichnung Leunabenzin, das auch als Deutsches (synthetisches) Benzin beworben wurde. Der Vertrieb erfolgte über die IG-Tochtergesellschaft Gasolin, die 1939 Tausende von Tankstellen in ganz Deutschland betrieb. Mit Kriegsbeginn konnte dieses Benzin nur noch gegen Tankausweis oder Bezugsschein bezogen werden.

Friedrich Bergius hatte kurz vor dem Ersten Weltkrieg das erste Patent zur Kohlehydrierung angemeldet, für das er zusammen mit Carl Bosch 1931 den Nobelpreis erhielt. Dieses Verfahren diente der Erzeugung von Vergaser- und Dieselkraftstoffen. 1925 verkaufte Bergius seine Patente an die IG Farben, die das Verfahren zur großtechnischen Reife brachte. Dabei kam den Leunawerken bei Merseburg, die bereits 1927 in Betrieb gingen, eine Schlüsselrolle zu.

Kohle stand aber nicht allein als Ersatzstoff für Erdöl zur Verfügung. Bereits Nikolaus August Otto hatte 1860 in den Prototypen des nach ihm benannten Ottomotors Ethanol als Kraftstoff genutzt. 1925 wurde die Reichskraftsprit GmbH (RKS) gegründet, die ihren Kraftstoff mit einem bis zu 25-prozentigen Anteil Ethanol als Monopolin anbot.

Hergestellt wurde das synthetische Leunabenzin im Bergius-Pier- oder IG-Verfahren. Der Grundrohstoff bestand anfänglich aus Braunkohle, die durch Kohlevergasung sowohl den zur Hydrierung notwendigen Wasserstoff lieferte als auch die Kohlenstoffbasis bildete. Später kamen Steinkohle, Teere und Teeröle als Rohstoffe hinzu. Während der Braunkohle Additive zugesetzt werden mussten, konnte vor allem aus Steinkohle ein Benzin mit guter Klopffestigkeit gewonnen werden.[181]

Hitler strebte nach seinem Regierungsantritt eine Wende in der Mineralöl- und Treibstoffpolitik auf der Grundlage deutscher Bodenschätze an. Die Hydrierung von Braun- und Steinkohle sollte dabei eine zentrale Rolle spielen. Die hierfür notwendigen hohen Investitionen wollte die IG Farben nur dann tätigen, wenn der Staat Abnahmegarantien und Garantiepreise zusagte.[182] Von einer Deckung des Treibstoffverbrauchs konnte dennoch keine Rede sein; nur ein Bruchteil konnte mit synthetischen Kraftstoffen bestritten werden.

Im Jahr 1935 erwarb die IG Farben eine Lizenz zur Herstellung von Tetraethylblei als Antiklopfmittel. Durch die Zugabe von Tetraethylblei konnte Leunabenzin später mit einer höheren Oktanzahl erzeugt werden.[183] Nur der synthetisch hergestellte Ottokraftstoff der IG Farben, ergo das Fahrbenzin, wurde als Leunabenzin vermarktet.

Das Verfahren der Kohleverflüssigung

Bei der Kohlehydrierung nach dem Bergius-Pier-Verfahren werden aus Kohle und Wasserstoff in einer exothermen chemischen Reaktion Kohlenwasserstoffe erzeugt. Das Produktspektrum hängt von den Reaktionsbedingungen und der Reaktionsführung ab; es werden vorwiegend flüssige Fraktionen erhalten, die als Kraftstoffe

181 Vgl. hierzu Uwe Fraunholz u. Ralf Pulla: „Treibstoff für Mägen und Motoren. Technikhistorische Anmerkungen zur Konstruktion von Ungleichheiten"; in: Wissenschaftliche Zeitschrift der Technischen Universität Dresden 57 (2008), S. 63–70, hier S. 66 f.

182 Vgl. Rainer Karlsch u. Raymond G. Stokes: Faktor Öl. Die Mineralölwirtschaft in Deutschland 1859–1974, München 2003, S. 166 f.

183 Vgl. Jacques R. Pauwels: „Profits ‚Über Alles!'. American Corporations and Hitler"; in: Labour/Le Travail 51 (2203), S. 223–249.

V. l. n. r.: Wilhelm Keitel, N. N., Adolf Hitler und Albert Speer auf mittlerem Zugkraftwagen bei der Beobachtung einer Vorführung neuer Waffen.

verwendet werden. Beim Fischer-Tropsch-Verfahren wird die Kohle zunächst in der Kohlevergasung mit Wasserdampf und Luft oder Sauerstoff zu Synthesegas umgesetzt, das anschließend katalytisch zu Kohlenwasserstoffen und Wasser umgesetzt wird.[184] Endprodukte sind Benzin (synthetisches Benzin), Diesel, Heizöl und Aromaten für die chemische Industrie.

In der NS-Zeit war die Hydriertechnik kriegsbedingt von hoher Bedeutung, da die Erdölreserven in Rumänien nur bedingt zur Verfügung standen. Es wurden deshalb sehr große Kohleverflüssigungsanlagen (Hydrierwerke) zur Herstellung von synthetischem Treibstoff gebaut, so z. B. in Leuna-Merseburg oder Pölitz-Stettin.

Das IG-Verfahren für die Aufarbeitung natürlicher Mineralölprodukte eröffnete völlig neue Perspektiven und war daher auch von politischem Interesse.[185] Bereits 1927 gab es zwischen der IG Farben und der Standard Oil die Übereinkunft, das Bergius-Pier-Verfahren auch in den USA anzuwenden. 1929 wurde die

184 Vgl. Artikel „Kohleverflüssigung"; online unter: chemie.de/lexikon/Kohleverfl%C3%BCssigung.html (letzter Zugriff: 9. Januar 2022).

185 Vgl. Karlsch u. Stokes: Faktor Öl, S. 136–140.

Zusammenarbeit weiter ausgebaut, und die Standard Oil erwarb von der IG Farben die Lizenz zur weltweiten Vermarktung des Verfahrens. 1931 gründete die IG Farben mit der Standard Oil und der Royal Dutch Shell sowie dem britischen Staatsunternehmen Imperial Chemical Industries (ICI) die International Hydrogenation Patents Company, um die Ressourcen und das Know-how für die Herstellung synthetischen Benzins zu bündeln und um die Veröffentlichung einschlägiger innovativer Ideen zu erschweren.[186]

Bei allen Fortschritten, die mit Blick auf das synthetische Benzin seitens Leuna erreicht werden konnten, muss festgehalten werden, dass die Benzinhydrierung der IG Farben teuer war und auf staatliche Unterstützung angewiesen blieb. Dem wurde staatlicherseits durch eine Mineralölsteuer und Zölle Rechnung getragen, was nicht nur der IG Farben, sondern allen deutschen Mineralölgesellschaften zu einem Gewinn verhalf, da diese an der Preiserhöhung ohne Steigerung ihrer Gesamtkosten teilhatten.[187]

Nach Machtantritt der Nationalsozialisten und unabhängig von Weltmarktpreisen erzielte die IG Farben spätestens ab 1935 mit dem Leunabenzin Gewinne, nicht zuletzt deshalb, weil die Weltmarktpreise für Erdöl deutlich anzogen.

Die Gründe der staatlichen Unterstützung in Deutschland lassen sich nach Stefan Hörner in folgenden Punkten zusammenfassen:

- Das neue Gebiet der Kohlechemie ermöglichte nicht nur die Erzeugung von Mineralöl, sondern auch Erkenntnisse über die wichtige Synthese der aliphatischen Chemie.[188]
- Zunächst war man davon ausgegangen, dass die Erdölreserven gering seien, technische Möglichkeiten, den knappen Rohstoff besser zu nutzen, erschienen deshalb sehr sinnvoll.
- Die Produktion von synthetischem Benzin in Deutschland war ein Instrument, dem Devisenmangel zu begegnen.
- Die neuartige Synthese versprach die Schaffung von Arbeitsplätzen.[189]

---

186 Vgl. Judith Mirzoeff: „Cracking the Oil From Coal Problem"; in: New Scientist v. 17. Juli 1980, S. 223.

187 Vgl. Titus Kockel: Deutsche Ölpolitik 1928–1938, Berlin 2019, S. 34 f.

188 Der Begriff „aliphatisch" bezeichnet Moleküle mit einem oder mehreren offenen, kettenförmigen Kohlenwasserstoffresten.

189 Vgl. Stefan Hörner: Profit oder Moral. Strukturen zwischen I.G. Farbenindustrie AG und Nationalsozialismus, Bremen 2012, S. 85 f.

Der Fortschritt der Explorationswissenschaften und die dadurch mögliche Entdeckung neuer Erdölfelder vor allem in Texas und im Nahen Osten führten indes dazu, dass sich ab Ende der 1920er-Jahre die pessimistischen Prognosen über eine rasche Erschöpfung der globalen Erdölvorräte in ihr Gegenteil verkehrten. Das war nicht nur für die IG Farben, die sich auf diese Prognosen und einen hohen Ölpreis verlassen hatte, ein Desaster, sondern auch für mehr oder weniger alle global agierenden Mineralölkonzerne.[190]

Dennoch förderte Deutschland neben andere Staaten, insbesondere Großbritannien und die USA, die Umwandlung fossiler Brennstoffe in flüssige Kraft- und Schmierstoffe weiter. Nach der Machtergreifung Hitlers verpflichtete sich die IG Farben gegenüber dem Reichswirtschaftsministerium, ihre Produktion in Leuna auf jährlich mindestens 300.000 t, höchstens 350.000 t zu steigern. Der Staat garantierte dafür einen festen Gestehungspreis.

Ab 1935 stieg das Gewicht der Erdölförderung in Deutschland und später mit dem angeschlossenen Österreich gegenüber der langsamer voranschreitenden Syntheseproduktion. Im Deutschen Reich wurden zahlreiche neue Erdölfelder entdeckt. Von 1928 bis 1935 wuchs die deutsche Erdölförderung um das Vierfache und erreichte 1940 mit 1,1 Millionen t einen Zenit.

Ab Mitte 1934 zogen die Weltmarktpreise für Mineralöl wieder an, sodass die synthetische Treibstoffindustrie nun wieder konkurrenzfähig wurde. Als einige Zeit später 50 Prozent der Ölimporte für das Deutsche Reich ausfielen, kam es zum ersten „Ölschock“ in der deutschen Geschichte.[191]

Deutschland setzte in der Folge auf den Auf- und Ausbau von Hydrierwerken. Im Oktober 1934 wurde die Braunkohle-Benzin AG (Brabag) gegründet. Das Unternehmen sollte unter Lizenz im IG-Verfahren in seinen Hydrierwerken Magdeburg und Böhlen ab 1936 sowie in Zeitz ab 1939 im großen Maßstab synthetische Kraftstoffe herstellen. Zeitgleich steigerte die IG Farben ihre Produktion in den Leunawerken und baute zusätzliche Hydrierwerke an verschiedenen Standorten.

---

190 Vgl. Kockel: Ölpolitik, S. 36, 211, 254, 628.
191 Ebd., S. 209 f.

Obwohl die NS-Autarkie- und -Rüstungspolitik zu einem signifikanten Ausbau der industriellen Kohlechemie in Deutschland führte, gelang es nicht, mittels der synthetischen Treibstoffproduktion die Unabhängigkeit von Ölimporten zu gewährleisten[192]. Auch die Vorratsbildung oder die Steigerung der heimischen Mineralölversorgung reichten letztlich nicht annähernd aus, um einen längeren Krieg durchzustehen.

Der Zusammenbruch der deutschen Treibstoffversorgung ab Mitte 1944

Ab Mitte 1944 brach die Produktion infolge gezielter Luftangriffe der Alliierten gegen deutsche Erdölzentren, Raffinerien und synthetische Hydrieranlagen massiv ein und fiel bis Kriegsende auf den Stand der 1920er-Jahre zurück. Die weitreichenden Folgen dieser Angriffe sollten den Krieg endgültig zuungunsten Deutschlands entscheiden. Die deutsche Kriegsführung litt aber bereits vor diesen Angriffen an „chronischer Treibstoffknappheit", wobei sich insbesondere der Mangel an Flugtreibstoffen kritisch auswirkte, wie Rainer Karlsch und Raymond K. Stokes konstatierten.[193] Die Luftwaffe konnte nicht vollständig versorgt werden, was zu einer einschneidenden Reduzierung bei der Ausbildung des fliegenden Personals führte, was dramatische Folgen für die Kampfkraft der Luftwaffe haben sollte.[194]

Auf welch unzureichender Grundlage die Treibstoffversorgung der Wehrmacht beruhte, machen Karlsch und Stokes deutlich, wenn sie feststellen:

> Dass die Wehrmacht überhaupt einen längeren Krieg führen konnte, war auf eine Reihe von günstigen Umständen zurückzuführen. So wurden in Österreich wenige Monate vor Kriegsbeginn große Erdölvorkommen entdeckt und die Förderung rasch ausgebaut. Noch wichtiger waren die 1940 mit Rumänien und der Sowjetunion geschlossenen Ölverträge.[195]

---

192 Vgl. Sabine Brinkmann: „Das Dritte Reich und der synthetische Treibstoff"; online unter: kritische-unternehmensgeschichte.de/sites/default/files/Aufsatz_Brinkmann.pdf (letzter Zugriff: 15. August 2021).

193 Vgl. Karlsch u. Stokes: Faktor Öl, S. 205.

194 Siehe im Buch S. 226.

195 Vgl. Karlsch u. Stokes: Faktor Öl, S. 205.

Wohl auch deshalb kam seitens der Vierjahresplanbehörde[196] der Gedanke auf, eine internationale Ölgesellschaft unter öffentlicher Kontrolle zu gründen. Das geschah Ende März 1941 durch die Gründung der Kontinentalen Öl-Aktiengesellschaft (Konti Öl), die vor allem im Ausland tätig werden sollte. Die Konti Öl hatte das ausschließliche Recht zur Gewinnung und Verarbeitung von und zum Handel mit Mineralölerzeugnissen in den vom Deutschen Reich besetzten Gebieten.

Hintergrund der Gründung war, dass deutsche Mineralölunternehmen auf dem europäischen Markt nur eine Nebenrolle spielten. Für einen Krieg gegen die Sowjetunion waren aber große Mengen an Treibstoff notwendig, die vorwiegend aus Quellen in Rumänien sowie den zu erobernden Gebieten der UdSSR, vor allem der östlichen Ukraine und dem Kaukasus, gewonnen werden sollten. Die Konti Öl sollte die sowjetischen Ölquellen nach einer Besetzung unverzüglich wieder in Betrieb nehmen. Doch der Zugriff auf die Erdölquellen des Kaukasus konnte nicht oder nur für kurze Zeit (Maikop und Taman) erlangt werden.

So blieben die Hydrierwerke die Achillesferse der deutschen Treibstoffproduktion. Die alliierten Streitkräfte hatte zwar bereits 1941 erste Bombardierungen der Hydrierwerke unternommen, dieses Ziel aber aufgrund technischer Schwierigkeiten sowie strategischer Überlegungen dann nicht mehr weiterverfolgt. Das sollte sich im Mai 1944 ändern, als mehr als 900 Bomber die Raffinerien und Hydrieranlagen in Leuna, Böhlen, Brüx, Lützkendorf und Zeitz-Tröglitz angriffen. Ende Mai 1944 folgten erneute Großangriffe auf die Anlagen in Lützkendorf, Magdeburg-Rothensee, Merseburg, Ruhland, Tröglitz und Pölitz und Mitte bis Ende Juni 1944 Angriffe auf die österreichischen Raffinerien in Floridsdorf, Kagran, Lobau, Korneuburg und Moosbierbaum. Besonders erbittert waren die Luftkämpfe um das wichtige Leuna-Werk bei Merseburg, die in einer US-Zeitschrift im November 1945 wie folgt beschrieben wurden:

196 Der Vierjahresplan bezeichnet die auf dem Auftrag Adolf Hitlers gründende NS-Wirtschaftsprogrammatik, ab 1936 binnen vier Jahren die wirtschaftliche und militärische Kriegsfähigkeit durch Autarkie und forcierte Aufrüstung zu erreichen. Dazu wurde ab Ende 1936 eine entsprechende Vierjahresplanbehörde unter Hermann Göring eingerichtet.

Amerikanische Liberator-Bomber im Anflug auf Ploieşti.
WikiMedia Commons / U.S. Air Force (gemeinfrei)

B-24 „Liberator“ im Flakfeuer beim Abflug aus Ploieşti.
WikiMedia Commons / Richard R. Ganczak (gemeinfrei)

Die Raffinerie des rumänischen Erdölfeldes von Ploieşti nach dem Bombenangriff der US-Luftwaffe am 1. August 1943. WikiMedia Commons / NARA (gemeinfrei)

> Diese Anlage in Leuna ist ein riesiges Denkmal deutscher chemischer Zauberei. Es niederzukämpfen, hieß eine Katze zu töten. Es musste neunmal geschehen, um es endgültig zu machen. [...] Leuna war so grimmig verteidigt worden, dass 121 Bomber in den 21 Angriffen verloren gingen.[197]

Als direkte Folge der Angriffe entwickelten sich massive Einschränkungen der Mobilität für alle Wehrmachtsteile. Die deutschen Jagdflugzeuge, darunter auch die von so vielen Hoffnungen begleitete Me 262, konnten aufgrund von Kerosinmangel immer öfter nicht starten. Der Höchststand der Produktion von Jagdflugzeugen, der in diesem Jahr erreicht werden konnte, hatte damit nur noch statistischen Wert. Hinzu kam im August 1944 der Verlust der so wichtigen rumänischen Ölfelder bei Ploieşti, die in die Hände der Roten Armee fielen. Diese Ölfelder hatten einen großen Teil des deutschen Erdölbedarfs gedeckt.

Albert Speer (rechts) gratuliert Edmund Geilenberg (links) zur Verleihung des Ritterkreuzes des Kriegsverdienstkreuzes. Geilenberg sollte in einer verzweifelten Lage die Grundversorgung mit Treibstoffen sicherstellen.

Das Geilenberg-Programm, das die bis dahin unterlassene Untertageverlagerung der kriegswichtigen Hydrierwerke sowie die Entwicklung und den Aufbau von neuen unterschiedlichsten Anlagen zur Treibstoffherstellung vorsah, sollte in einer verzweifelten Lage die Wende bringen. Namensgeber dieses Programms war der Stahlindustrielle Edmund Geilenberg, der Ende Mai 1944 von Hitler persönlich zum Generalkommissar für die Sofortmaßnahmen beim Reichsminister für Rüstung und Kriegsproduktion ernannt worden war. Der Plan, der strengster Geheimhaltung unterlag, sollte die Grundversorgung mit Treibstof-

197 Zit. n. Karlsch u. Stokes: Faktor Öl, S. 237.

fen sicherstellen. Der schwächste Punkt der deutschen Rüstungsindustrie sollte zu einem Zeitpunkt stabilisiert werden, als es dafür längst zu spät war.

Die Untertageverlagerung kommt zu spät

Besondere Hoffnungen ruhten auf der unterirdischen Verlagerung – der „U-Verlagerung" – der Anlagen. Der Begriff „U-Verlagerung" bezieht sich auf Rüstungsbetriebe und andere Firmen von militärstrategischer Bedeutung, die unter Tage verlegt wurden und damit gegen Luftangriffe abgesichert waren.

Zur Herstellung der unterirdischen Anlagen wurde eine große Anzahl von Arbeitskräften benötigt. Aufgrund des herrschenden Mangels wurden KZ-Häftlinge und Zwangsarbeiter zum Bau dieser Anlagen rekrutiert, mit dem Effekt, dass eine Unzahl neuer Konzentrationslager entstand. Hunderttausende Arbeitskräfte, darunter viele Häftlinge, kamen zum Beispiel im Geilenberg-Programm in durch Bombardierungen beschädigten Treibstoffwerken und zur unterirdischen Verlagerung von Hydrieranlagen zum Einsatz.[198] Der Großteil der unterirdischen Anlagen zur Herstellung synthetischen Benzins befand sich in Baden, Württemberg, Nordrhein-Westfalen und im Harz.

Auch die SS spielte bei diesen Anstrengungen eine wichtige Rolle. Unter dem Decknamen „Unternehmen Wüste", einem Geheimprojekt des SS-eigenen Industriekomplexes der Nationalsozialisten im Rahmen des Geilenberg-Programms, sollte mit Treibstoff aus Ölschiefer noch einmal eine Wende herbeigeführt werden. In einer Reihe von Produktionsstätten des „Unternehmens Wüste" in Württemberg mussten Tausende KZ-Häftlinge die hierfür notwendigen Anlagen aufbauen und betreiben. An dem Projekt waren mehrere Organisationen, Ministerien und eigens gegründete Forschungsinstitute und Firmen beteiligt. Zu nennen sind hier die IG Farben in Leuna, die Deutsche Ölschieferforschungs-Gesellschaft (DÖLF) in Berlin und Schömberg sowie die Organisation Todt (OT), die SS und die Deutsche Bergwerks- und Hütten-

198 Christine Wolters: „10. Workshop zur Geschichte der Konzentrationslager. Ein Tagungsbericht"; in: eForum zeitGeschichte 1–2/2003; online unter: eforum-zeitgeschichte.at/set1_2_03a6.html (letzter Abruf: 28. Dezember 2021).

Hydrierwerk Zeitz.

Richtfest des Braunkohlebenzin-Werkes Böhlen (1935).

Unterirdischer Rüstungsbetrieb Mittelbau-Dora bei Nordhausen in Thüringen, in dem V1 und V2 produziert wurden: Nach dem britischen Angriff auf die Heeresversuchsanstalt Peenemünde im August 1943 wurde auf deutscher Seite die systematische Verlagerung kriegswichtiger Fabriken unter Tage in Angriff genommen (sog. U-Verlagerung). Hierfür wurden etliche KZ-Außenlager gegründet, deren Insassen unter oft inhumanen Bedingungen Zwangsarbeit leisten mussten, was zu vielen Todesopfern führte.

WikiMedia Commons / sockenhorst (CC0)

baugesellschaft (DBHG), eine Tochtergesellschaft der Reichswerke Hermann Göring.

Die Ölschieferwerke wurden außerhalb der Konzentrationslager errichtet, wo die Ölschieferschicht, der Lias Epsilon des Süddeutschen Jura, gut erreichbar war. Die Werke und Lager wurden als Eigenbetriebe der SS verwaltet. Für das „Unternehmen Wüste" stellte die SS in sieben Konzentrationslagern insgesamt Tausende Häftlinge zur Verfügung, die als Zwangsarbeiter in den Ölschieferwerken ausgebeutet wurden und von denen aufgrund der unmenschlichen Bedingungen mindestens 3500 starben. Die SS erhielt pro Häftling und Arbeitstag eine „Tagesmiete". Die KZ-Häftlinge wurden nicht nur für die Ölgewinnung eingesetzt, sie wurden auch herangezogen, um die Infrastruktur aufzubauen.

Der kriegswirtschaftliche Nutzen der Ölschieferwerke muss als marginal bezeichnet werden. Das aufwendig gewonnene Mineralöl war von so schlechter Qualität, dass es nur für spezielle Motoren tauglich war. Bis Kriegsende wurden dennoch rund 1500 t Mineralöl gewonnen.

Die hochgesteckten Erwartungen des NS-Regimes im Hinblick auf das Geilenberg-Programm erfüllten sich in keiner Weise. Im März 1945 betrug die Kapazität der Hydrierwerke drei Prozent des Höchststandes aus dem Jahr 1943. Die gigantische Vision, die Treibstoffversorgung der Wehrmacht zu einem Gutteil mit synthetischem Benzin und Ölressourcen aus den besetzten Gebieten sicherstellen zu können, erwies sich nach der Kriegswende 1942/43 zunehmend als kriegsentscheidender Irrtum, zumal auch die Maßnahmen, die Hydrierwerke unterirdisch zu verlagern, zu spät eingeleitet wurden. „Hitlers Krieg und der damit verbundene deutsche Sonderweg in der Mineralölwirtschaft", so bilanzieren Karlsch und Stokes, „hatte sich als ein Weg in die Katastrophe erwiesen."[199]

199 Karlsch u. Stokes: Faktor Öl, S. 244.

Kapitel V

Der Hochfrequenzkrieg: Der Vorsprung, der verloren ging

Ähnlich wie im Bereich der Kernphysik stand das Deutsche Reich auch bei der Funkmesstechnik – der englische Begriff Radar[200] setzte sich in Deutschland erst nach dem Zweiten Weltkrieg durch – bis Kriegsbeginn an der Spitze der Entwicklung.

Das Prinzip der elektromagnetischen Wellen war wissenschaftlich bereits Ende der 1850er-Jahre bekannt, zumindest in der Theorie: Der schottische Physiker James Clerk Maxwell schuf mit seinen Gleichungen eine wichtige Grundlage, auf die andere Gelehrte wie der Deutsche Heinrich Hertz ihre Forschungstätigkeit aufbauten. Die Geburtsstunde der elektronischen Nachrichtenübertragung schlug am 13. November 1886, als es Hertz erstmals wissenschaftlich nachweisbar gelang, eine elektromagnetische Welle von einem Sender zu einem Empfänger zu übertragen. Damit war zumindest in der Theorie der Beweis erbracht, dass elektromagnetische Wellen innerhalb von Gegenständen in einem bestimmten Radius reflektiert werden. Nach diesem Prinzip hätte sich ein Apparat bauen lassen, mit dem durch die Aussendung elektromagnetischer Wellen auch Fahrzeuge oder Tiere angezeigt worden wären, die infolge meteorologischer Bedingungen wie beispielsweise Nebel ansonsten nicht sichtbar gewesen wären. Ein derartiges Gerät wäre etwa für die Schifffahrt, bei der sich die Gefahr von Kollisionen

200 Akronym für „Radio detection and ranging" („Funkortung und -abstandsmessung").

bei Schlechtwetter erhöht, eine willkommene Unterstützung gewesen und hätte die Betriebs- und Verkehrssicherheit erhöht. Dieses Projekt wurde zu jener Zeit nicht umgesetzt.

Schon früh hatte der deutsche Unternehmer und Erfinder Christian Hülsmeyer im April 1904 ein Patent auf ein Telemobiloskop angemeldet, das heute als Vorläufer des Radars gilt. Hülsmeyer schloss an die Forschungen von Heinrich Hertz über elektromagnetische Wellen an.[201] Bei Experimenten mit dessen Spiegelversuchen im Physiksaal des Bremer Lehrerseminars schlussfolgerte er, dass elektrische Wellen, die von einem Sender ausgesandt und von Metallflächen zurückgeworfen werden, zur Lokalisierung entfernter metallischer Objekte verwendet werden können. Für die Entwicklung der Radartechnik war dies eine bahnbrechende Entdeckung. Hülsmeyer hatte vor allem Schiffe im Blick. Seine Idee war in der Folge, eine Apparatur zu schaffen, mit der Wellen gesendet und empfangen werden können, um die Position von Schiffen zu bestimmen.

Um seine Pläne zu finanzieren, gründete er mit seinem Partner und Geldgeber Heinrich Mannheim Anfang Mai 1904 die Telemobiloskop-Gesellschaft Hülsmeyer & Mannheim, sein System zum Erkennen von entfernten beweglichen Gegenständen nannte er Telemobiloskop. Hülsmeyer musste allerdings die Erfahrung machen, dass seine visionäre Erfindung, wohl auch wegen einiger „Kinderkrankheiten", auf Desinteresse stieß. Er sah sich deshalb gezwungen, jede weitere Arbeit einzustellen, und liquidierte seine Firma. Seine revolutionäre Erfindung geriet für fast 30 Jahre in Vergessenheit.

Zwei Jahre nach der Patentanmeldung Hülsmeyers kam es zu einer Entwicklung, die ihm entscheidend hätte weiterhelfen können, nämlich jener der Elektronenröhre. Der österreichische Physiker Robert von Lieben baute eine quecksilberdampfgefüllte Verstärkerröhre mit zwei Elektroden und elektrostatischer oder elektromagnetischer Beeinflussung von außen – die Liebenröhre – und meldete sie Anfang März 1906 beim Kaiserlichen Patentamt als Kathodenstrahlrelais zum Patent an. Fast zeitgleich entwickelte der

201 Vgl. im Folgenden Christopher Schumacher: Forschung, Rüstung und Krieg. Formen, Ausmaß und Grenzen des Wissenschaftlereinsatzes für den Zweiten Weltkrieg im Deutschen Reich, Norderstedt 2005, S. 88–102.

US-amerikanische Erfinder Lee de Forest die Audionröhre, die er ein halbes Jahr nach Lieben im Oktober 1906 zum Patent anmeldete, was einen jahrelangen Rechtsstreit nach sich zog. Eine derartige Elektronenröhre wäre geeignet gewesen, die „Kinderkrankheiten" des hülsmeyerschen Telemobiloskops zu beheben.

Der nächste bedeutende Schritt sollte durch Rudolf Kühnhold, den Entwicklungsleiter der Nachrichtenmittelversuchsanstalt (NVA) der Reichsmarine in Kiel, gesetzt werden. Dort wurde seit Ende der 1920er-Jahre an neuen Ortungsverfahren experimentiert. Kühnhold brachte im April 1933 die Idee ein, elektromagnetische Wellen zu benutzen; die Länge dieser Wellen sollte unter einem Meter liegen. Nachdem die Ergebnisse eher unbefriedigend blieben, entschloss sich Kühnhold, die Firma Telefunken für das Projekt zu interessieren. Hier stieß er in Gestalt des Leiters der Forschungsabteilung von Telefunken, Wilhelm Runge, zunächst auf taube Ohren. Runge hielt die Pläne offenbar schlicht für „Utopie".[202] Kühnhold sah sich sogar vom Oberkommando der Marine (OKM) gemaßregelt, weil durch seinen Vorstoß die Gefahr bestand, dass diese Entwicklung öffentlich bekannt wurde.

Kühnhold und das OKM suchten in der Folge nach anderen Möglichkeiten; so kam es 1934 unter anderem zur Gründung der GEMA, der Gesellschaft für elektroakustische und mechanische Apparate mit beschränkter Haftung. Die GEMA diente als eine Art Tarnunternehmen, dessen eigentliche Absicht, nämlich ein Ortungsverfahren mit elektromagnetischen Wellen zu entwickeln, bewusst verschleiert wurde. Leo Brandt, Mitarbeiter der Firma Telefunken und später Vorsitzender der Arbeitsgemeinschaft Rotterdam (auf die noch zurückzukommen sein wird), kommentierte diesen Schritt kritisch:

> Man verzichtete mit diesem Schritt auf das Fachwissen und die dreißigjährige Tradition der Funkindustrie und mußte in jeder Hinsicht, vom Physikalischen bis zum Handwerklichen, von der Röhrenentwicklung bis zur Serienproduktion, neu anfangen. Jeder Fachmann wird sich darüber klar sein, dass ein solches Experiment mit größten Schwierigkeiten verbunden sein mußte und

202 Vgl. Frank Reuter: Die Entwicklung und der Einsatz von Radar-Verfahren in Deutschland bis zum Ende des Zweiten Weltkrieges, Opladen 1971, S. 19.

> nicht den gleichen Erfolg bringen konnte wie eine Gemeinschaftsarbeit auf breiter Basis.[203]

Die GEMA wurde von zwei jungen Elektroingenieuren, Hans-Karl Freiherr von Willisen und Paul-Günther Erbslöh, gegründet. Mit Hochdruck arbeiteten sie an der Entwicklung von Ortungsgeräten für Schiffe und später auch für Flugzeuge. Kühnhold befasste sich von den beginnenden 1930er-Jahre an mit der Ortung von Wasserfahrzeugen auf Grundlage der Reflexion von Schall im Wasser. Im Bereich der Schallortung hatte er bereits erfolgreich mit von Willisen und Erbslöh kooperiert, die bereits 1931 die Firma Tonographie gegründet hatten. Die etablierte Elektronikindustrie dieser Ära, etwa die Lorenz AG, verhielt sich anfangs sehr zurückhaltend, was eine Beteiligung an der Forschungsarbeit im Bereich der Funkortung betraf. Kühnhold konzentrierte sich also auf die Zusammenarbeit mit den zwei jungen, überaus ambitionierten Ingenieuren Erbslöh und von Willisen, deren eifrige Versuchstätigkeit einen Durchbruch in der Funkortungstechnik brachte.

Am 24. Oktober 1934 reflektierte die stählerne Schiffswand des Versuchsfahrzeugs „Welle“, eines ehemaligen Fischkutters, der 1916 vom Stapel gelaufen war, die elektromagnetischen Wellen in einer Entfernung von rund zwölf km ebenso wie eine 700 m über der Versuchsanordnung fliegende deutsche Passagiermaschine vom Typ Junkers W 34. Die technischen Elemente der erfolgreichen Versuchsortung waren ein in einem Parabolspiegel verankerter Sendemagnetron sowie ein Bremsfeldempfänger, der Rückstrahlung aufnahm und die daraus entstandene Zwischenfrequenz an einen Überlagerungsempfänger weitergab, der mit einem Röhrenvoltmeter gekoppelt war. Ein äußerst wichtiger Faktor für den Erfolg des Versuches war die weite räumliche Trennung von Sender und Empfänger, die in 200 m Abstand zueinander lagen. Damit wollten von Willisen und Erbslöh eine direkte Einstrahlung des Senders und damit eine Beeinflussung der Empfangsqualität verhindern. Die Entscheidungsträger der deutschen Kriegsmarine scheinen von dem gelungenen Experiment tief beeindruckt gewesen zu sein; sie erkannten die künftige militärische Bedeutung von Ortungsanlagen.

203 Ebd., S. 20.

Die GEMA entwickelte weitere Geräte, etwa eine Ortungseinheit, die für den 50-cm-Wellenbereich ausgelegt war. Diese neue Vorrichtung wollte die GEMA an größeren Marineeinheiten wie dem Kreuzer „Königsberg" erproben, der in einer Entfernung von acht km aufgespürt wurde. Im Bereich der sogenannten Seitenpeilung waren Nachbesserungen notwendig. Nach einer Präsentation vor der obersten Führung der deutschen Kriegsmarine am 26. September 1935 ließ sich das Problem aber als fast zur Gänze gelöst ansehen. Die technischen Erfolge in der Funkmesstechnik des noch jungen Unternehmens GEMA blieben jedenfalls nicht unentdeckt.

In den Vorstandsetagen der deutschen Elektrokonzerne Telefunken und AEG entschied man nun rasch, auf diesem Gebiet ebenfalls tätig zu werden. Der Leiter des Versuchslabors bei Telefunken, Wilhelm Tolmé Runge, einer der führenden Wissenschaftler des Unternehmens, hegte allerdings anfänglich Bedenken hinsichtlich der erfolgreichen Weiterentwicklung der elektronischen Funkortung. Die Erfolge von Rudolf Kühnhold sowie Hans-Karl von Willisen und Paul-Günther Erbslöh, der beiden GEMA-Gründer, belehrten ihn freilich eines Besseren.

Runge, in Hannover geborener Elektroingenieur, beschäftigte sich 1935 mit Dezimeterwellen-Richtfunkstrecken für die Übertragung von Sportreportagen aus dem neuen Berliner Stadion, in dem im folgenden Jahr die Olympischen Spiele eröffnet werden sollten. Er war als „Tüftler" bekannt und versuchte stets, möglichst einfache Lösungen für technische Herausforderungen in der Elektrotechnik zu finden – so auch, als er eine Richtantenne ganz einfach auf den Boden legte und eine gleichartige Antenne mit Detektor und Niederfrequenzverstärker daneben flach auf den Boden stellte, um eine mögliche Rückstrahlung von Flugzeugen zu testen, die sich im Luftraum über der Versuchsanordnung befanden. Eine Verkehrsmaschine vom Typ Junkers Ju 52, die sich in 5000 m Höhe über dem Stadtteil befand, erbrachte den Nachweis einer Rückstrahlung. Die Firmenleitung reagierte auf diese Erkenntnis indes gar nicht. Dennoch arbeitete Runge in der Folge an der Weiterentwicklung der Reflexionsfähigkeit elektronischer Wellen.

Dessen ungeachtet war der militärstrategische Wert der Schiffs- und Flugzeugortungstechnik Mitte der 1930er-Jahre klar erkannt worden. Die erfolgreichen Forschungsarbeiten der GEMA, aber auch jene der Telefunken AG trugen dazu bei, dass sowohl die deutsche Luftwaffe als auch die Kriegsmarine größere finanzielle Investitionen in die Weiterentwicklung der Ortungstechnologie tätigten. Das erste Funkmessgerät mit einer für die damalige Zeit großen Reichweite wurde nach der nordischen Göttin Freya benannt. Diese erste Frühwarnradaranlage stand ab 1937 im Erprobungsbetrieb und wurde dank ihrer Leistungsfähigkeit 1938 von der deutschen Kriegsmarine in Dienst gestellt. „Freya" war im Zweiten Weltkrieg sowohl bei der Luftwaffe als auch bei der Marine in Verwendung und wurde technisch laufend verbessert.

In diesem Zusammenhang sind auch einige historische Details über die Entwicklung dieser bahnbrechenden technischen Erfindung interessant, die den Schutz des Luftraumes vor einfliegenden Feindmaschinen erheblich verbesserte. Mit Hochdruck arbeitete man im Februar 1936 an einem 2-m-Wellengerät, bei dem man die Wellenlänge schließlich auf 1,8 m reduzierte. Versuchsortungen brachten indes nicht den gewünschten Erfolg: Angepeilte Schiffe mit größerer Tonnage ließen sich nicht erfassen.

Ein weiterer Versuch gelang allerdings; wie bereits erwähnt konnte ein kleines einmotoriges Passagierflugzeug vom Typ Junkers W 34 geortet werden. Die GEMA-Ingenieure entschieden sich dafür, diesen Typ ausschließlich für die Erfassung von Luftfahrzeugen weiterzuentwickeln. Die nun als „Flugzielgerät" bezeichnete Anlage wurde in der Werkhalle der GEMA in Berlin umgebaut. Die Techniker verbesserten den Sender, indem sie eine Gegentaktschaltung einbauten, seine Empfindlichkeit erhöhten und statt der bislang in Verwendung stehenden Yagi-(Uda-)Antenne eine Tannenbaumantenne einsetzten. Zudem wurde die Wellenlänge auf 2,4 m erhöht. Die wesentlich verbesserte Ortungsanlage wurde als erste „Freya"-Anlage beschrieben und an die Flugmeldeeinheiten ausgeliefert.

Die deutschen Radargeräte vom Typ „Freya"

Die Göttin Freya der nordischen Mythologie besaß die Fähigkeit, bei Nacht und Nebel alles zu erkennen. Kein Hindernis blieb ihr verborgen. Diese Fähigkeit hatten auch die stetig verbesserten

Funkmessgeräte der „Freya"-Baureihe. Bei der Entwicklung bodengebundener Anlagen bildete sie die technische Grundlage für alle weiteren Baureihen, auf die später noch im Detail eingegangen wird. Die deutsche Kriegsmarine war 1938 der erste Großkunde der GEMA. An der ersten ausgelieferten Ortungseinheit wurden zunächst noch Versuche hinsichtlich ihrer Einsatzfähigkeit vorgenommen und außerdem die Bedienungsmannschaften eingeschult. Bei der Luftwaffe hatte kurz vor Kriegsbeginn die Erforschung der 50-cm-Wellenlänge Priorität. Das änderte sich mit dem Einmarsch der Wehrmacht in die Tschechoslowakei, als versuchsweise ein Exemplar der ersten „Freya"-Serie zur Luftraumüberwachung zum Einsatz kam. In dieser Zeit wurden die Geräte generell mehr oder weniger unter Einsatzbedingungen erprobt. So errichtete man eine Anlage auf einem der höchsten Berggipfel des Riesengebirges, um die größtmögliche Reichweite zu erlangen. Als problematisch stellte sich heraus, dass die Häufigkeit des Echos aufgrund der Landschaftsstruktur, der Felswände und Wälder die Qualität der Ortungen maßgeblich beeinflusste. Die negativen Erfahrungen veranlassten die Techniker, die Radargeräte in Senken und natürlichen Bodenvertiefungen aufzustellen, um so einen genaueren Erfassungsbereich zu gewinnen.

Funkmessgerät (FuMG) 401 „Freya LZ" (= Lufttransport Zerlegbar).

WikiMedia Commons / NARA (gemeinfrei)

Die Funkmessgeräte der „Freya"-Serie bildeten zu Kriegsbeginn die Grundlage der deutschen Ortungstechnologie, die dem damals im Einsatz befindlichen britischen Radarsystem „Chain Home" überlegen war. Die Briten hatten regelmäßig mit technischen Problemen zu kämpfen, die anfangs die Zuverlässigkeit ihrer Anlage infrage stellten. Die mit der englischen Bezeichnung „Chain Home" gemeinte „Radarkette" wurde zunächst zur Kontrolle des küstennahen Luftraumes am Ärmelkanal und im Laufe des Krieges entlang der gesamten Küste zügig ausgebaut.[204]

Die britische Anlage war leicht aufzubauen und ermöglichte schlussendlich eine lückenlose Überwachung des Hoheitsgebietes. Durch die Anwendung kürzerer elektromagnetischer Wellen ließen sich kleine Objekte sowohl in der Luft als auch auf dem Meer erfassen. Die „Freya"-Geräte mit ihrer Frequenzleistung waren dem englischen Modell technisch zwar überlegen, Aufbau und Einstellung der deutschen Radaranlage waren aber mit einem höheren logistischen Aufwand verbunden. Daher konnten jene deutschen Küstenbereiche und Inseln, an denen „Freya"-Anlagen im Einsatz standen, oft nur unzureichend überwacht werden.

Doch „Freya" wurde stetig weiterentwickelt. In den ersten Kriegsjahren standen der Luftwaffe und der Kriegsmarine mehrere Versionen zur Verfügung. Das Modell „LZ" wurde speziell für die Beförderung mit dem Flugzeug produziert, da es zerlegbar war. Die rotierende Variante, genannt „Dreh-Freya", war eines der ersten Rundumsichtradargeräte; daraus entwickelte sich in der Folge das „Jagdschloß"-Rundsuchradar. Die von der AEG hergestellte Variante Funkmessgerät 451 mit der Bezeichnung „Freiburg" hatte eine Reichweite von bis zu 120 km. Die Anlage „Freya-Hochbahn" wurde speziell für die Erfassung sehr hoch fliegender Maschinen konzipiert. Um angreifende Bomber oder Jagdflugzeuge im Tiefflug rechtzeitig zu orten, entwickelte die Gesellschaft für elektroakustische und mechanische Apparate schließlich das Versuchsgerät „Tiefland". Ein Grundproblem der „Freya"-Anlagen – dass man die Höhe angreifender Flugzeuge nicht bestimmen konnte – wurde mit zielorientierter Entwicklungsarbeit beseitigt. Dafür montierte man beim Funkmessgerät 401 „Freya-Fahrstuhl" die Antennenkonstruktion beweglich auf einer hölzernen Platte, um die Spiegelung der Strahlen durch den geänderten Einfallwinkel zu erfassen. So ließ sich die exakte Höhe einfliegender Bomberpulks feststellen. Mit dem FuMG 41 „Wassermann" gelang es, eine Erhöhung der Reichweite bei gleichzeitiger Verbesserung der

204 Vgl. Fritz Trenkle: Die deutschen Funkmessverfahren bis 1945, Stuttgart 1979, S. 50; vgl. auch „Freya (Radar)"; online unter: deacademic.com/dic.nsf/dewiki/471237#Entwicklung, sowie radarmuseum.co.uk (beide letzter Zugriff: 21. März 2018).

Peilungsqualität zu erzielen. Dieser Anlagentyp entstand durch die Verbindung mehrerer „Freya"-Antennenaufbauten.

Eine besondere Herausforderung für die Radartechniker bildeten „Düppel"[205] genannte Täuschmittel wie Stanniolstreifen, die von alliierten Bomberverbänden abgeworfen wurden, um Radargeräte zu stören. „Düppel" wurden erstmals mit durchschlagendem Erfolg von Engländern und US-Amerikanern beim Großangriff auf Hamburg (Operation „Gomorrha") im Juli 1943 eingesetzt. Den Radarspezialisten der deutschen Luftwaffe war das „Düppel"-Verfahren bekannt; auf deutscher Seite wurde damit seit 1941 experimentiert. Da dem Gegner diese Geheimwaffe aber nicht verraten werden sollte, wurde sie nicht eingesetzt.

Den „Düppeln" sollte die „Freya-Laus" entgegenwirken – eine von der Zentralversuchsstelle für Hochfrequenzforschung entwickelte Entstörungseinrichtung. Doch auch damit war es nicht möglich, Störaktionen gänzlich auszuschalten. Als technische Lösung gegen Frequenzstörungen kam die „Kurzzeitmessung" zum Einsatz. Die „Freya"-Geräte wurden mit einem Zusatzgerät ausgerüstet, das nach zehn Impulsen eine – entsprechend der jeweiligen Angriffslage einzustellende – Sendepause zwischen zwei und 22 Sekunden einhielt. Damit konnten die Besatzungen der gegnerischen Maschinen die eigene Ortungsfrequenz nur mehr erschwert nachweisen. Eine bessere technische Lösung gegen Störaktionen stand der deutschen Luftwaffe vor Kriegsende nicht zur Verfügung. Jedenfalls waren am 1. Jänner 1945 alle noch in Betrieb befindlichen „Freya"-Anlagen mit der „Freya-Laus" ausgerüstet.

Geräte des Typs „Freya" ließen sich vielfältig einsetzen. In diesem Zusammenhang wäre zum Beispiel das „Erstling"-Verfahren zu erwähnen, bei dem zwei „Freya"-Geräte im Einsatz standen. Das eine verfolgte die anfliegenden feindlichen Verbände, mit dem anderen wurde die Position des deutschen Jägerverbandes kontrolliert. Auf einer Karte wurden die jeweils aktuellen Standorte markiert; daraus ließen sich Kurskorrekturen ermitteln, die dann per Funk an die Jägerstaffeln weitergeleitet wurden. Diese Methode

205 „Düppel" war die deutsche Bezeichnung; auf englischer Seite wurden sie „Window" und von den US-Amerikanern „Chaff" genannt.

kam im Sommer 1942 am Ärmelkanal erfolgreich gegen die Royal Air Force zum Einsatz.[206]

Weniger erfolgreich experimentierten die Deutschen im Bereich der Zentimeterwelle, bei der sie sich vergeblich mühten, diese für die Funkmesstechnik nutzbar zu machen. Nachdem es hier jahrelang keinen Durchbruch gab, meinten etliche Wissenschaftler, dass eine Nutzung der Zentimeterwelle für Ortungszwecke nicht möglich sei. Hier zeigt sich eine Parallele zur Entwicklung von Kernwaffen, bei der deutsche Wissenschaftler um Heisenberg aufgrund ihrer Prognosen, was den Aufwand für einen erfolgreichen Durchbruch anging, auch zu einer verfrühten pessimistischen Einschätzung im Hinblick auf deren Realisierbarkeit kamen. Das Ergebnis war ein Abbruch der Arbeiten an einer deutschen Kernwaffe im Juni 1942. Anfang 1939 wurden analog dazu die Arbeiten an der Zentimeterwelle eingestellt; 1943 indes musste man feststellen, dass es doch möglich war, die Zentimeterwelle für die Funkmesstechnik zu nutzen. Darauf wird noch zurückzukommen sein.

Als äußerst hinderlich erwies sich auf deutscher Seite im Weiteren, dass Marine, HWA und Reichsluftfahrtministerium (RLM) nebeneinanderher an Radarentwicklungen arbeiteten, ohne die anderen Waffengattungen zu informieren. Das führte dazu, dass jede Waffengattung mit anderen Wellenlängen arbeitete, und erschwerte auch die Entwicklung eines Kennungssystems für die eigenen Flugzeuge.

Anfang 1937 stellte Telefunken dem HWA ein Gerät mit einem Parabolspiegel vor, mit dem die Richtung eines sich nähernden Objektes bestimmt werden konnte. Das Gerät erhielt den Namen „Darmstadt“. Das HWA bestellte zehn Geräte, übte aber keinen Druck auf Telefunken aus, die Produktion zu erhöhen oder weitere Entwicklungsarbeiten zu beschleunigen. Auch Hitler zeigte sich im August 1939 bei einer Vorführung nicht sonderlich beeindruckt. Einen Aufmerksamkeitsschub sollte erst ein Abwehrerfolg mithilfe des Radars im Dezember 1939 erbringen, als ein Bombenangriff auf Wilhelmshaven abgewehrt werden konnte. Telefunken konnte in dieser Situation ein neues Gerät präsentieren, das den

206 Vgl. „Freya (Radar)“; siehe weiter: „Die Flugmeldegeräte der FREYA-Familie (Frühwarngeräte)“; online unter: atlantikwall.info/radar/technik/flum.htm (letzter Zugriff: 29. März 2018); sowie Trenkle: Funkmessverfahren, S. 52, 58, 60.

Namen „Würzburg“ erhielt und der Eigeninitiative des Unternehmens zu verdanken war.

Das mobile Funkmessgerät „Würzburg“

Die Anfänge der elektronischen Luftkriegsführung gehen auf das Jahr 1937 zurück, als das Reichsluftfahrtministerium bei der Telefunken AG die Entwicklung und den Bau eines Funkmessgerätes für die Ortung von Luftfahrzeugen im nahen Luftraum sowie für die Herkunftszuordnung in Auftrag gab. Das landgestützte aktive Funkmessgerät „Würzburg A“,[207] als „Flakzielgerät FMG 39 T/A“ bezeichnet, wurde 1939 sowohl den Fliegereinheiten als auch den Luftnachrichten- und Luftabwehrtruppen vorgeführt. Die einzelnen Baugruppen des Gerätes waren übersichtlich angeordnet und für die Bedienungsmannschaften leicht zu handhaben. Die Anlage, deren Parabolspiegel einen Durchmesser von drei Metern hatte und bis zu 90° drehbar war, wurde auf einem vierrädrigen Anhänger an den Einsatzort gebracht. Die Geräteeinheiten ließen sich elektrisch abschwenken, und die Antennenleistung lag zwischen acht und zehn kW. Das Gerät erfasste Luftfahrzeuge in einer Entfernung von bis zu 40 km. Alle für die Peilung relevanten Daten wurden auf einem Röhrenbildschirm mit kreisförmiger Zeitbasis und Entfernungseichung auf dem Deckglas mit einer Ablenkung nach außen dargestellt.[208]

Seine Feuertaufe bestand das „Würzburg“-Gerät, das ursprünglich als reine Flugmeldeanlage für die Luftraumüberwachung konzipiert worden war, 1940 in der Nähe von Essen im Ruhrgebiet: Die Abschussgenauigkeit der Flugabwehrkanonen hatte sich um ein Vielfaches verbessert. Die Verantwortungsträger bei der deutschen Luftwaffe entschieden, den Einsatz des Funkmessgerätes „Würzburg A“ ausschließlich auf die Einheiten der Flugabwehr zu beschränken. Die technische Leistungsfähigkeit dieser Radaranlage musste den Einsatzanforderungen regelmäßig angepasst werden.

207 Die Funkmessgeräte konnten in aktive Geräte mit Sende- und Empfangsteil, später auch als Funkmessortungsgerät (FuMO) bezeichnet, sowie passive Geräte, die Signale nur empfingen und nicht sendeten, unterschieden werden.

208 Vgl. Trenkle: Funkmessverfahren, S. 28.

Aus diesem Grund entstand das verbesserte Gerät „Würzburg B“, das mit einer Infrarotausrüstung versehen wurde. Je genauer eine Funkpeilung, desto größer die Abschusszahl der Feindmaschinen. Das „Würzburg“-Gerät der Serie C war mit einem „Feinpeil-Zusatz“, auch „C-Zusatz“, ausgestattet. Dank der Peilgenauigkeit der „Würzburg-C“-Geräte konnte man die Abschussquote einfliegender alliierter Bomber erneut erhöhen. Um die Mitte des Jahres 1941 standen 201 Geräte des Typs „Würzburg A“ und 74 Anlagen des Typs B im Einsatz. Für die Techniker und die kommandierenden Offiziere der Flak-Einheiten[209] war die regelmäßige Erhöhung der Messgenauigkeit wichtigstes Anliegen. In diesem Sinne wurde die Leistungsfähigkeit der „Würzburg“-Funkmessgeräte innerhalb kürzester Zeit verbessert. Das Modell „Würzburg D“ verfügte über ein konisches Abtastverfahren sowie eine drehbare Antenne, von den Mannschaften auch als „Quirl“ bezeichnet. Mit der im D-Gerät eingebauten Zusatzeinrichtung EAG 62 „Emil“ konnte die bis dahin höchste Messgenauigkeit aller im Einsatz stehenden „Würzburg“-Anlagen erreicht werden. Zudem war bei der D-Serie die direkte Eingabe der Messwerte in das Datenübertragungsgerät möglich, mit dem alle Flugabwehrkanonen einer Stellung verbunden waren.

Ab 1942 wurden überwiegend „Würzburg“-Geräte der Serie D produziert und an die Flak-Einheiten ausgeliefert. Vom Funkmessgerät 62 wurden bis Kriegsende 4000, vom Funkmessgerät 65 („Würzburg-Riese“) 1500 Stück hergestellt.[210] Die Verläss-

---

209 Nur *en passant* sei hier erwähnt, dass die Flugabwehrkanonenproduktion einen beträchtlichen Teil der Luftwaffenkontingente band. Die während des Krieges verschossenen Granaten enthielten nach Boog genug Aluminium für „ungefähr 36.928 Jagdflugzeugen von Ende 1941 und, zurück auf den Kriegsbeginn erweitert, sogar für 40.000 Jäger“ (Horst Boog: Die deutsche Luftwaffenführung, Stuttgart 1982, S. 213). Das starre Festhalten Hitlers an der Flak ließ eine verstärkte Verlagerung der Luftrüstung auf den Flugzeugsektor nicht zu. Noch am 20. Juni 1944 erhielt die Flakfertigung die gleiche Dringlichkeitsstufe wie das Jägerprogramm; vgl. Ernst Stilla: Die Luftwaffe im Kampf um die Luftherrschaft. Entscheidende Einflussgrößen bei der Niederlage der Luftwaffe im Abwehrkampf im Westen und über Deutschland im Zweiten Weltkrieg unter besonderer Berücksichtigung der Faktoren „Luftrüstung“, „Forschung und Entwicklung“ und „Human Ressourcen“, Diss. Universität Bonn, 2005, S. 124.

210 Vgl. Trenkle: Funkmessverfahren, S. 30; sowie Arthur O. Bauer: Deckname „Würzburg“. Ein Beitrag zur Erhellung des geheimnisumwitterten deutschen Radargeräts 1937–1945, Herten 1999, S. 6.

FuMG „Würzburg" im Einsatz im besetzten Frankreich.

Flakturm im Berliner Tiergarten mit Geschütz. Auf dem Leitturm im Hintergrund steht ein Funkmessgerät „Würzburg-Riese".

lichkeit und die Präzision der „Würzburg"-Geräte aller Baureihen veranlasste die führenden deutschen Hersteller von Ortungsanlagen dazu, immer wieder verbesserte Versionen der vorangegangenen Modelle zu entwickeln und der Luftwaffe zu liefern. Der „Würzburg-Riese" war nicht nur die größte bis dahin gebaute Radaranlage, sondern auch jene mit der bislang stärksten Sendeleistung.

Kurz vor Kriegsausbruch, am 3. August 1939, kam es bei Aufklärungsflügen mit einem Zeppelin an der englischen Küste zu einer verhängnisvollen Fehleinschätzung[211]. Ziel dieses Erkundungsfluges war es, zu sondieren, inwieweit Großbritannien in Besitz von Radargeräten war. Die Messungen ließen keinerlei Hinweise darauf erkennen, sodass sich auf deutscher Seite die Meinung herausbildete, dass die Briten über keine Radargeräte verfügten. Für diese Fehleinschätzung sind zwei Erklärungen möglich: Zum einen ist es möglich, dass die Briten ihre Radargeräte einfach ab-

211 Reuter: Radar-Verfahren, S. 37.

gestellt hatten. Zu anderen fanden sie keine Radarsignale, da sie Signale auf der gleichen Wellenlänge erwarteten, auf der auch die deutschen Radargeräte arbeiteten. Was auch immer der Grund war: Die britische Radarkette erwies sich als wichtiger Vorteil in der Luftschlacht um England, da die deutschen Angriffe rechtzeitig erkannt werden konnten und verlustreich endeten.

Erhaltene Radarstellung mit FuMG 65 „Würzburg-Riese" im französischen Douvres-la-Délivrande.

Unterdessen schritt auf deutscher Seite die Entwicklung voran: Bald erhielten auch die deutschen Jagdmaschinen ihre Radargeräte, nämlich das „Lichtenstein"-Gerät.

Radargeräte in Flugzeugen: Das „Lichtenstein"-Gerät

Die Wichtigkeit und Notwendigkeit, Jagdflugzeuge und Bomber mit Bordfunkmessgeräten auszustatten, wurde bereits zu Beginn des Zweiten Weltkrieges 1939 erkannt. Das gilt ungeachtet der

Einlassung von Hermann Göring, Oberbefehlshaber der deutschen Luftwaffe, der das Thema Funkmessgeräte anfänglich mit der Bemerkung „Ich will keinen solchen Kintopp in meinen Flugzeugen!“[212] abtat.

In der technischen Entwicklung war man aber zunächst noch weit entfernt von einem echten bordeigenen Radargerät, wie es in den nachfolgenden Jahren konstruiert wurde. Der Radartechniker Wilhelm Runge konstruierte für die Telefunken AG einen elektrisch gesteuerten Höhenmesser, den er und seine Mitarbeiter „Lichtenstein-A“-Gerät nannten. Konzipiert war er für den von Junkers entwickelten Sturzkampfbomber Ju 87 („Stuka“). Dieses luftgestützte aktive Höhenmessgerät ging auf Weisung des Reichsluftfahrtministeriums (RLM) jedoch nicht in Serie, vielmehr interessierte die Behörde die Entwicklung eines Funkmessgerätes. Auf der technischen Grundlage der „Lichtenstein-A“-Anlage, die ursprünglich als einfache Höhenorientierungsanzeige gedacht gewe-

US-Soldaten untersuchen einen Nachtjäger Ju 88 G-6 mit „Lichtenstein“-Gerät auf dem Fliegerhorst Wunstorf bei Hannover. WikiMedia Commons / Gonzosft (gemeinfrei)

212 Hans-Jürgen Becker: Schwere Jäger und Zerstörer der Luftwaffe 1933–1945, Stuttgart 1999, S. 40.

sen war, entstand das erste Bordradar für die deutsche Luftwaffe, das in ein Bombenflugzeug des Typs Heinkel He 111 mit außenstehenden Antennen unterhalb der Pilotenkanzel eingebaut wurde. Im Zuge der Erprobung dieser Anlage bekam das ausführende Unternehmen Telefunken vom Reichsluftfahrtministerium die Vorgabe, dass sich die Antenne des Funkmessgerätes innerhalb der Pilotenkanzel befinden müsse. Dies würde, prophezeiten die führenden Entwicklungsingenieure, technisch keine Erfolgsaussicht haben – und sie sollten Recht behalten. Die Ortungsergebnisse aus der Erprobungszeit ließen sich nicht verwerten. Es dauerte rund ein Jahr, bis ein verwendbares bordeigenes Radargerät konzipiert und schließlich auch gebaut wurde. Die Radaranlage mit der Bezeichnung FuG 202 oder „Lichtenstein B/C" wurde zwischen August und September 1941 vom Oberleutnant der Luftwaffe Martin Becker in einer Dornier Do 215 B, die bei der Luftwaffe als Aufklärer und Nachtjäger zum Einsatz kam, erfolgreich erprobt.[213]

Einige wesentliche technische Details begründeten die hohe Leistungsfähigkeit der Bordradaranlage „Lichtenstein B/C", die über eine Betriebsfrequenz von 490 mHz verfügte. Die Meisterleistung der Konstrukteure von Telefunken offenbarte sich in der Tastschaltung für den Gegentakt-Sender, die kompliziert aufgebaut war, da die Frequenzteilung damals eine neue Erfindung im Bereich der Radartechnik darstellte. Die Antennenanlage, vor der Kanzel des Piloten angeordnet, erfüllte im Gefecht die erforderliche Sende- und Empfangsleistung. Der Flugzeugführer verfügte über ein Sichtgerät mit drei Bildröhren; dabei erfasste die linke Röhre alle Luftziele im angezeigten Bereich von acht km. Die Entfernung der Messung lag allerdings nur bei vier km. Der mittlere und der rechte Rundbildschirm dienten der Seiten- und der Höhenpeilung. Oberleutnant Becker gelang es, mit dem Gerät immerhin sechs feindliche Bombenflugzeuge abzuschießen. Doch die Störanfälligkeit des Erprobungsgerätes war sehr hoch: Nach nahezu jedem Feindflug musste es gewartet werden. Diese erste „Lichtenstein-B/C"-Anlage überlebte die ausgiebige Erprobungsphase nicht und musste schließlich wieder ausgebaut werden. Die leitenden Ingenieure des Projekts „Bordradaranlage" arbeiteten freilich bereits am

213 Vgl. Trenkle: Funkmessverfahren, S. 104, 106.

Nachtjäger Messerschmitt Bf 110G mit der mittleren Version der „Hirschgeweih"-Antenne zur Verwendung mit dem FuG 220 „Lichtenstein SN-2" (im RAF-Museum Hendon). WikiMedia Commons / Max Smith (gemeinfrei)

Nachfolgegerät, bei dem sie alle festgestellten Mängel, die zu den häufigen Ausfällen führten, beseitigen konnten. Erst im Februar 1942 kamen verlässliche „Lichtenstein B/C" zum Einsatz, wenngleich das Reichsluftfahrtministerium der Entwicklung der Funkmessgeräte für den Bordeinsatz sehr skeptisch gegenüberstand. Der hohe Luftwiderstand der Antennen verlangsamte die Fluggeschwindigkeit der Nachtjäger und reduzierte durch den erhöhten Treibstoffverbrauch deren Einsatzreichweite. Bis zum Ende des

Krieges rissen die Bemühungen nicht ab, das Gerät ständig weiter zu verbessern.[214]

Die deutschen Radargeräte der Reihe „Wassermann“

Großbritannien und die Vereinigten Staaten machten im Verlauf des Krieges große Fortschritte bei der Entwicklung neuer ortungstechnischer Verfahren, die im strategischen Sinne eine Gefahr für die deutsche Luftwaffe und für die Kriegsmarine bedeuteten. Jeglicher Vorsprung der Alliierten auf diesem Gebiet hätte in den ersten Kriegsjahren sämtliche Operationen in der Luft und zur See von Anfang an beeinträchtigen können. Die überlegene Qualität der „Freya“-Geräte war jedenfalls nicht „in Stein gemeißelt“. Unter diesen Voraussetzungen waren federführende deutsche Elektronikkonzerne wie AEG, Telefunken oder die GEMA dazu gezwungen, den Luft- und Seestreitkräften binnen kurzer Zeit technisch ausgefeilte Geräte zur Verfügung zu stellen. Die Gesellschaft für elektroakustische und mechanische Apparate entwickelte gemeinsam mit den Antennen- und Mastherstellerfirmen Lehmann & Co., G. Seibert und Luftschiffbau Zeppelin GmbH eine der ersten Fernsuchanlagen, genannt „Wassermann L“. Deren Grundlage bildeten die technischen Elemente des „Freya“-Gerätes; sie verfügte darüber hinaus aber über einen zusätzlichen Phasenschieber und eine Höhenpeilanzeige. Auf dem Versuchsgelände der GEMA bei Jüterbog wurden die Fernsuchgeräte getestet. Dafür stellte man in den Sommermonaten des Jahres 1940 eine Radarantenne auf, die mit ihren 30 m die bislang höchste deutsche Empfangsanlage war. Sie fußte auf einem rotierenden Lager; auf dem Gittermast befand sich ein zweites Drehlager. Die Standfestigkeit der gesamten Anlage musste mit Abspannseilen vor allem auch gegen Wind und Sturm gesichert werden. Der riesige, von Weitem sichtbare Gittermast war das Herzstück des neuen Radarsystems, das anfangs die Buchsta-

214 Trenkle: Funkmessverfahren, S. 106; siehe auch „Funktionsweise FuG 202“; online unter: deutscheluftwaffe.de/funktionsweise-fug-202 (letzter Zugriff: 4. Mai 2018).

„Wassermann"-Langstrecken-Frühwarnradaranlage in Bergen-aan-Zee in den Niederlanden, ca. 1943. WikiMedia Commons / Imperial War Museum (gemeinfrei)

benkombination „De-Te-W" trug, wobei das „W" für den späteren Namen „Wassermann" stand.

Bei der Präsentation der neuen Anlage zeigten sich die Entscheidungsträger der deutschen Luftwaffe begeistert. Man forderte eine Weiterentwicklung des Ortungsgerätes. Das Nachfolgemodell mit der Bezeichnung „L" für „leicht", auch FuMG 41, verfügte über maximal sechs „Freya"-Antennen, die auf einem dreieckigen Gittermast aus Aluminium befestigt waren. Mit dem luftgestützten aktiven „Wassermann L" ließen sich alliierte Bomberflotten in einer

Entfernung von 200 km orten.[215] Das Erfolgsgeheimnis der „Wassermann“-Anlagen bestand im drehbaren Mast, der die Rundumsicht ermöglichte. Auf die Verbesserung der Drehantennen wurde bei der Konstruktion des „Wassermann-S“-Gerätes („S“ stand für „schwer“) größter Wert gelegt: Denn die Einsatzfähigkeit der Anlage hing auch von den Antriebsmotoren der Drehantennen ab, die mittels eines Zahnradgetriebes bewegt wurden. Die Funkmessanlage „Wassermann S“, auch FuMG 42, bestand aus einem massiven Stahlrohrdrehturm von 60 m Höhe und einem Durchmesser von 4 m. Lediglich zehn Stück wurden gebaut und an die Luftwaffe übergeben.

Das Nachrichten-Versuchs-Kommando (NVK) der Kriegsmarine wurde gemeinsam mit dem Unternehmen GEMA aktiv, um eine weitere Fernsuchanlage mit dem Tarnnamen „Mammut I“ zu bauen. Das Großgerät bestand aus drei in einer Reihe formierten Masten, an denen 16 Antennen des „Freya“-Systems angebracht waren, und wies eine rechteckige Konstruktion von rund 10 m Höhe und 30 m Breite auf. Die obere Antennenreihe diente zum Versenden der Impulse, der untere Teil der Konstruktion gewährleistete den Empfang. Die technische Ausstattung des „Mammut I“ war in der Lage, Flugziele in 8000 m Höhe in einer Entfernung von bis zu 300 km zu orten. Die an die Luftwaffe gelieferten Anlagen fanden ausschließlich entlang der deutschen Küste Aufstellung. Einige dieser Großgeräte gingen auch an die Kriegsmarine.

An der Verbesserung der „Wassermann“-Anlagen beteiligte sich auch Siemens. Das Unternehmen war für die Konstruktion und den Bau der Serie „Wassermann M“ verantwortlich. Die Baureihe „M I“, die einen 36 m hohen Gittermast und ein Antennenfeld mit 24 Zeilen zu je sechs Dipolen hatte, stand dem Vorgängermodell „Wassermann L“ technisch nahe. Zur weiterentwickelten Anlage „Wassermann M II“ gehörten ein 40 m hoher Mast mit einer horizontal polarisierten Antenne sowie ein Kennungsabfrage- und Empfangszusatz mit dem Tarnnahmen „Kuh“ oder „Gemse“. „Wassermann M IV“ zeichnete sich durch einen 51 m hohen Mast und eine Gerätekabine aus, die sich in der unteren Hälfte des Mast-

215 Vgl. Trenkle: Funkmessverfahren,, S. 64; vgl. weiter „Fernstsuchanlagen“; online unter: atlantikwall.info/radar/technik/fernst.htm (letzter Zugriff: 3. April 2018).

fußes befand. Die Reichweite dieses Gerätes lag bei 300 km, konnte aber auf dem offenen Meer und bei optimalen Wetterbedingungen sogar bis zu 380 km erreichen. Gegen Ende des Zweiten Weltkrieges wurden weitere Gerätereihen gebaut und erprobt. Die im Dienst der deutschen Kriegsmarine stehenden Anlagen der Baureihe „Wassermann M" trugen die Bezeichnung FuMO 331.

Um die Ortungstechnik für die deutsche Luftwaffe und die Kriegsmarine zu verbessern, stand auch der Bau von Fernsuchanlagen mit sehr großen Reichweiten auf dem Programm. Eines dieser Großgeräte mit der Tarnbezeichnung „Heidelberg", das über eine drehbare Kabine mit acht Dipolen vor einer Reflektorwand verfügte und eine Reichweite von 400 km aufwies, wurde für die Kontrolle der Flugbahn von V2-Raketen eingesetzt. Großortungsanlagen mit einer Reichweite von bis zu 2200 km erhielten den Namen „Elefant". Eine dieser „Über-Horizont-Fernsuchanlagen" stand an der holländischen Küste; sie konnte die Position eines alliierten Geleitzuges im Atlantik ausmachen. Wegen der sich verändernden Feindlage musste sie aber abgebaut werden. Auf Röm, der südlichsten dänischen Wattenmeerinsel, war eine „See-Elefant"-Anlage stationiert, bei der es sich um eine Weiterentwicklung des Typs „Elefant" handelte. Mit einer Messreichweite zwischen 400 und 4000 km registrierte dieses Gerät die Einschläge der V2-Raketen im Stadtgebiet von London, das 800 km entfernt lag.[216]

Das Rundumsicht-Radargerät „Jagdschloß"

Im Jahr 1937 entwickelte die Gesellschaft für elektroakustische und mechanische Apparate das Funkmessgerät 404 oder „Jagdschloß" als eine der ersten Rundumsichtanlagen, die allerdings keine Höhenpeilungen erlaubte. Aus diesem Grund wurde das landgestützte aktive „Jagdschloß"- meist gemeinsam mit einem „Würzburg"-Gerät eingesetzt. Die technischen Grundlagen für den Bau der Radaranlage hatte der Hochfrequenztechniker Theodor Schultes geliefert, den ersten Prototypen des Rundsuchgerätes der Sie-

216 Vgl. Trenkle: Funkmessanlagen, S. 66, 68; vgl. weiter „Fernstsuchanlagen"; online unter: atlantikwall.info/radar/technik/fernst.htm (letzter Zugriff: 5. April 2018).

mens-Konzern hergestellt. Dieser wurde auf ein turmähnliches Gebäude im Ortsteil Tremmen des Brandenburger Städtchens Ketzin gesetzt, und dann begann die Erprobung des neuen Ortungsgerätes. Es bestand aus zwei Breitbandantennen, die übereinander angebracht waren und durch einen Elektromotor zur Rotation gebracht wurden. Eine der Antennen diente zur Kennungsabfrage und zum Kennungsempfang. Mit diesem Gerät wurden die Luftwaffeneinheiten kontrolliert, deren Kennungssignale über eine Verzögerungsleitung auf das Rundsichtgerät übertragen wurden. Die deutschen Jäger- und Jagdbomberverbände waren für die Bedienungsmannschaften durch zwei parallele Striche erkennbar.[217] Um fehlerhafte Ablesungen zu vermeiden, war das Gerät in der Lage, entweder nur Kennungs- oder nur Ortungssignale wiederzugeben, damit sich die Erfassung auf einen Bereich konzentrieren konnte: entweder auf die exakte Kennung der Luftfahrzeuge oder die Ortung einer bestimmten Zahl von Luftfahrzeugen in einem bestimmten Sektor des Luftraumes. In erster Linie standen die „Jagdschloß"-Anlagen als sekundär agierende Ortungseinheiten in Verwendung, da sie auf verschiedenen Frequenzen verwertbare Informationen liefern konnten, ohne von Störfaktoren wie Bodenechos, Feindmaschinen oder „Düppel"-Wolken – aus alliierten Bombern massenhaft abgeworfene Stanniolstreifen, die sich in der Luft zu wolkenähnlichen Gebilden entwickelten und die deutschen Funkmessgeräte massiv

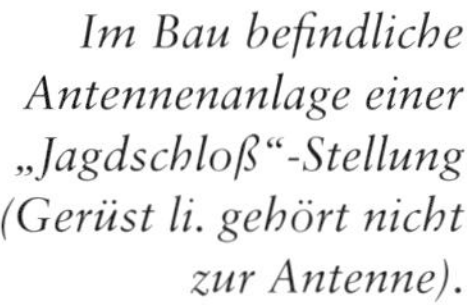

Im Bau befindliche Antennenanlage einer „Jagdschloß"-Stellung (Gerüst li. gehört nicht zur Antenne).

WikiMedia Commons / NARA (gemeinfrei)

217 Vgl. Trenkle: Funkmessanlagen, S. 72; vgl. weiter „Jagdschloß (Radar)"; online unter: deacademic.com/dic.nsf/dewiki/676101 (letzter Zugriff: 14. April 2018).

störten – beeinträchtigt zu werden. Die Ortungseinrichtungen der Reihe „Jagdschloß“ waren auch deshalb unempfindlich gegen Störeinwirkungen, weil die Abfanggeschwader der Luftwaffe, die mit den Luftraumüberwachungseinheiten kooperierten, über ein Zusatzgerät mit der Bezeichnung „Erstling“ oder FuG 25a verfügten, mit denen die deutschen Flugzeuge „antworteten“.

Insgesamt fertigte Siemens bis zum Ende des Zweiten Weltkrieges 62 „Jagdschloß“-Funkmessgeräte, von denen rund 44 zum Einsatz kamen. Zahlreiche Weiterentwicklungen und Versuche, bereits vorhandene Radarsysteme, wie beispielsweise „Wassermann L“, zur Rundsuchanlage umzubauen, scheiterten. Ingenieure der Funkmesstechnik orientierten sich bei Neukonstruktionen oft an Beutegeräten, meist aus britischer, später auch aus US-amerikanischer Produktion – wie jener Anlage, die Einheiten der Wehrmacht während des Afrikafeldzuges nahe Tobruk inspizierten, zerlegten und ins AEG-Werk sandten. Die Ergebnisse der Untersuchung waren freilich wenig befriedigend, und so konnten die technischen Basisdaten nicht zur Entwicklung eines eigenen neuen Funkmessgerätes herangezogen werden.

Bei den Überwachungseinheiten der deutschen Luftwaffe stand in den letzten Kriegsjahren das Interesse an mobilen Rundsuchgeräten im Vordergrund, die sich auf Lkw-Anhängern montieren ließen. Ein derartiger Gerätetyp mit der Bezeichnung „Dinkelsbühl“ gelangte nicht zur Serienreife. Technische Verbesserungen konnten oft mit einfachen Mitteln wie Drahtnetzen oder durch den gleichzeitigen Betrieb von zwei unterschiedlichen Frequenzen erreicht werden, der die Verlässlichkeit erhöhte. Fritz Trenkle, ehemaliger Funktechniker der Luftwaffe, beschrieb die Funktionsweise der Anlage „Jagdschloß-Michael“ auf Basis der verwendeten Baugruppen in seinem Buch „Die deutschen Funkmessverfahren bis 1945“ folgendermaßen: „Die Michael-Antennen, deren Maxima und Minima der anderen Antennenhälfte zusammenfielen, wurden durch einen ‚Würzburg-Gerätesatz‘ gespeist, der ebenfalls auf die Rundsichtröhre arbeitete und dabei synchron mit dem ‚Jagdschloß‘-Sender getastet wurde. Die Reichweite sollte 300 Kilometer betragen. Die im Bau befindlichen Anlagen kamen jedoch nicht mehr zum Einsatz."[218] Die Besonderheit der „Jagdschloß"-Geräte lag darin, dass die verwertbaren Informationen auf akustischem Wege über eine Telefonleitung und später in Verbindung mit der

Flugzeug Focke-Wulf Fw 200 „Condor" mit Radargerät FuG 200 „Hohentwiel" im Bug.

Verwendung von „Michael"-Anlagen auch per Richtfunk an die betreffende Luftüberwachungsstelle und an Flugabwehreinheiten weitergeleitet wurden, auf deren Radarbildschirmen die Informationen über die Feineinwirkungen sichtbar gemacht wurden. Wegen der Lichtpunkte auf der dunklen Bildröhre nannten die Bedienungsmannschaften die Radarschirme damals auch gern „Sternenschreiber".[219]

Das Funkmessgerät „Marbach"

Die Verbesserung der Ortungsleistung in der Radartechnik resultierte aus der Erforschung und Anwendung des Zentimeterwellenbereiches, der präzisere Ergebnisse bei der Erfassung von Schiffen und Luftfahrzeugen lieferte. Einer der Wissenschaftler, die sich bereits Ende der 1930er-Jahre mit den Vorteilen dieser Wellenlänge beschäftigten, war der deutsche Physiker Abraham Robert Esau. Mit dem von ihm erfundenen „Magnetron" oder Magnetfeldröhre gelang es Esau, kleinste Wellenlängen von weniger als 2 mm zu erzeugen. In den ersten Kriegsjahren vertraten die deutschen Radartechniker sowie letzten Endes auch die Vertreter der großen Elektronikkonzerne, wie AEG, Siemens oder Telefunken, die Auf-

218 Trenkle: Funkmessverfahren, S. 74.
219 Vgl. „Jagdschloß (Radar)".

fassung, dass kurze Wellenlängen für die Weiterentwicklung der Funkmessgeräte nicht förderlich seien. Die bitteren Niederlagen in der Seekriegsführung, vor allem vonseiten der deutschen U-Boote, zeigten gänzlich anderes. Erst im letzten Jahr vor Kriegsende wurden Radargeräte hergestellt, die im Mikrowellenbereich orten konnten. Die Vorläufer der Serie „Marbach", in den Jahren 1940 bis 1942 konstruiert, gebaut und erprobt, kamen ausschließlich für den Einsatz bei Flugabwehrbatterien zur Anwendung. Sie trugen die Bezeichnungen „Mainz" bzw. Funkmessgerät 63 und „Mannheim" bzw. Funkmessgerät 64. Auch das Radargerät „Ansbach" und das Meldegerät „Mannheim-Riese" gehörten dieser Entwicklungsreihe an. Alle genannten Anlagen verfügten über eine Wellenlänge von 53,6 cm.

Erst 1944 kamen das landgestützte aktive Flakschießgerät „Marbach V" bzw. Funkmessgerät 77, das Übersichtsgerät „Kulmbach", das ebenfalls die Flak unterstützte, sowie ein weiteres Flakschießgerät „Marbach" zum Einsatz, dessen Wellenlänge unter 9 cm lag und Erfassungsreichweiten von 25 bis 35 km hatte. Das „Marbach"-Gerät hatte in seiner letzten Ausführung bis zu 50 km Reichweite. Durch die Kombination technischer Elemente der Funkmessanlagen „Marbach" und „Kulmbach" entstand das „Egerland"-Gerät oder Funkmessgerät 74/76, das an der Front nicht mehr zum Einsatz kam.[220] Die Entwicklung des Funkmessgeräts „Marbach" und seines Vorläufers, des „Rotterdam"-Geräts, beruhte auf der Überzeugung, dass Zentimeterwellen wesentlich genauere Messdaten für die Batterien der Flugabwehr boten. Aufgrund von Verlusten deutscher Jäger und Jagdbomber sowie Störaktionen alliierter Bomber gegen deutsche Radaranlagen entschlossen sich die Entscheidungsträger der deutschen Luftwaffe gemeinsam mit den Wissenschaftlern der deutschen Elektronikkonzerne dazu, ab 1943 die Zentimeterwelle bei den Funkmessgeräten der neuesten Generation einzuführen. Der sich immer deutlicher abzeichnende Rohstoffmangel in der Industrie bedingte zeitliche Verzögerungen auch bei der Serienfertigung der Ortungsanlagen vom Typ „Marbach".

220 Vgl. Rudolf Lusar: Die deutschen Waffen und Geheimwaffen des 2. Weltkrieges und ihre Weiterentwicklung, Reprint d. 2. Aufl., Engen 1991, S. 154.

Der immer weiter voranschreitende Krieg der Techniker erhöhte natürlich auch im Radarbereich die Gefahren gegnerischer Störaktionen. Hier kam es aus deutscher Sicht in der Nacht vom 27. auf den 28. Februar 1943 zu einem folgenschweren Vorfall. Einem britischen Kommandounternehmen gelang es, mit einem blitzartig ausgeführten Handstreich ein „Würzburg"-Gerät der Radarstation am Kap d'Antifer mehr oder weniger vollständig abzubauen. Die Deutschen mussten sich deshalb auf Störmaßnahmen gefasst machen, die auch nicht lange auf sich warten ließen. Vorher gab es aber noch einen weiteren alarmierenden Vorfall. Am 2. Februar 1943 hatten deutsche Experten bei der Untersuchung eines bei Rotterdam abgeschossenen britischen Short-„Stirling"-Bombers ein neues Gerät entdeckt, das Anlass zu sofortigen Aktivitäten gab. Knapp drei Wochen nach diesem Fund wurde deshalb die Arbeitsgemeinschaft Rotterdam (AGR) gegründet, mit Leo Brandt als Vorsitzendem. Ziel dieser AG war die Entwicklung von Maßnahmen gegen das neue Gerät. Zunächst aber standen die Mitglieder der AGR vor der Aufgabe, herauszufinden, um was für ein Gerät es sich hier überhaupt handelte. Hierfür war Leo Brandt der geeignete Mann, der bereits unter Rüstungsminister Fritz Todt Leiter einer Entwicklungsgruppe gewesen war, die sich mit Funkmesstechnik befasste. Da mit Blick auf die mögliche Funktionsweise dieses Geräts die Meinungen auseinandergingen, kam die AG überein, einen Nachbau des Geräts in Auftrag zu geben. Dieser Nachbau sollte erst ein Dreivierteljahr später, im Dezember 1943, fertiggestellt sein. Tests ergaben, dass es sich um ein Radargerät handelte, das in jenem Bereich arbeitete, den etliche deutsche Experten für die Ortungstechnik ausgeschlossen hatten, nämlich im Zentimeterwellenbereich. Die enormen Vorteile, die das Gerät bot, ließen nur eine Schlussfolgerung zu: Deutschland musste ein eigenes Gerät entwickeln. Ziemlich genau ein Jahr, nachdem das „Rotterdam-Gerät" gesichert werden konnte, fiel seitens der AGR ein entsprechender Beschluss. Es wurden alle Hebel in Bewegung gesetzt, um die Karten noch einmal neu zu mischen.

Erst am 28. November 1944 war klar, dass eine kleine Anzahl sogenannter Vormuster des Funkmessgeräts 76 (FuMG 76) aus Bestandteilen von „Rotterdam"- und „Berlin"-Anlagen handgefertigt werden sollte. Nach bis zu 16-stündiger Fertigung konnten sogar einige technisch weiterentwickelte Geräte mit der Bezeichnung „Marbach V“ ausgeliefert werden. Damit war es möglich, hoch fliegende britische De Havilland DH.98 Mosquito – Mehrzweckmaschinen, die sowohl als Bomber wie auch als Jagdbomber eingesetzt wurden – in einer Entfernung von bis zu 27 km zu orten. Bei Bombergeschwadern lag die Erfassungsreichweite bei rund 35 km.[221]

Diese Anlage gehörte zu den verlässlichsten Neuentwicklungen gegen Ende des Zweiten Weltkrieges, gebaut aus bewährten Bauteilen bereits bestehender Funkmessgeräte. Abgesehen von den bereits genannten Elementen verwendeten die Techniker verschiedene Bauteile anderer Funkmessgeräte, wie beispielsweise den rotierenden Sockel der „Ansbach“-Anlage. Der Parabolspiegel wies eine Breite von 4,4 m auf. Einzelne Baugruppen, wie die Peil- und Übersichtsanzeige oder die Vorrichtung zur E-Messung, wurden dem „Würzburg“-Gerät entnommen und einige technisch notwendige Änderungen daran vorgenommen. Im Betrieb verfügte die Anlage über ein Rundsuchgerät. Der bedienende Soldat brachte bei einem genau zu ortenden Ziel einen Einweisungszeiger mit dem ermittelten Ziel in Deckung. Die Bedienungs- und Peilzuordnung konnte sogar bei mehreren Zielen, so diese in der gleichen Richtung lagen, exakt vorgenommen werden.

Das FuMG 76 „Marbach“ gehörte gemeinsam mit dem FuMG 74 „Kulmbach“ zum Gesamtsystem „Egerland“. Die Arbeitsteilung war klar: „Egerland“ war ein Flakleitgerät und erhielt vom Weitsuchgerät „Kulmbach“ Informationen über Bewegungen im Luftraum. Hauptaufgabe des „Marbach“-Geräts war es nun, für die von der „Kulmbach“-Anlage ermittelten Ziele die richtigen Feuerleitdaten für die Flakbatterie zu berechnen. Der Gefechtsstand dieses Systems befand sich samt Anzeigeeinheiten und Rechengeräten in einem Gerätewagen mit der Bezeichnung „Bayern“. Bei seinen ersten Einsätzen wurden die scharfe Bündelung des „Marbach“-Geräts und die hohe Entfernungsauflösung sehr geschätzt; es stellte seine Zuverlässigkeit, was die Trennung zwischen einer genauen Zielerfassung und von „Düppeln“ ausgelösten Störeinflüssen betraf, eindrucksvoll unter Beweis. Das erleich-

221 Vgl. Trenkle: Funkmessverfahren, S. 44.

terte auch die genaue Peilung einzelner alliierter Flugzeuge, die in kleineren Verbänden flogen. Bis zum Ende des Zweiten Weltkrieges stellte die Luftwaffe lediglich zwei „Egerland"-Anlagen in Dienst. Für die Nachkriegsentwicklung von Artillerie- und Raketenlenksystemen bot dieses System eine wertvolle und vielfach verwendete Grundlage.[222]

„Seetakt": Das Radar der Kriegsmarine

In der Gesellschaft für elektroakustische und mechanische Apparate (GEMA), einem der federführenden Entwicklungs- und Produktionsunternehmen für Funkmess- und Funk-Mess-Ortungsgeräte, erkannte man bereits Mitte der 1930er-Jahre die Wichtigkeit von elektronischen Ortungsgeräten auf Schiffen der deutschen Kriegsmarine. Mit der Verfügbarkeit von Radargeräten waren sie daher bei Kriegsbeginn 1939 in der Lage, gegenüber den alliierten Seestreitkräften ihren strategischen Vorteil zur Geltung zu bringen. Als eine der ersten großen Einheiten wurde das Panzerschiff „Admiral Graf Spee" 1938 mit einem Funkmessgerät 38 G „Seetakt" ausgestattet. Dessen technische Leistungsfähigkeit war aus damaliger Sicht einzigartig, da weder die britische Kriegsmarine noch die Seestreitkräfte der Vereinigten Staaten von Amerika über vergleichbare Geräte verfügten. Das FuMG 39 G hatte eine Ausgangsleistung von einem kW bei einer Frequenz von 500 mHz und konnte Seeziele in einer Entfernung von bis zu 25 km erfassen.[223] Die ausschließlich für die Verwendung auf Kriegsschiffen konstruierte Anlage bestand aus einem elektronischen Messgerät, das sich im Mastkorb des Fockmastes, dem sogenannten Vormars, befand. An der Außenseite war die mächtige Antenne, die 3 mal 6 m maß, robust und sturmsicher montiert. Die Radaranlage und der optische Entfernungsmesser der Artillerie wurden in

222 Vgl. Trenkle: Funkmessverfahren, S. 46, 48; vgl. weiters „Funkmeßstationen"; online unter: mil-mod.de/html/funkmessgerate.html (letzter Zugriff: 16. April 2018).

223 Vgl. „Geschichte des Radars"; online unter: 100-jahre-radar.fraunhofer.de/index.html?/gdr_5_deutschefunkmesstechnikim2wk.html (letzter Zugriff: 2. April 2018).

der gleichen Richtung angeordnet, um die Messdaten gleichzeitig auswerten zu können.[224]

Das verlässliche Funkmessgerät wurde ab November 1939 auch auf den Schlachtschiffen „Gneisenau“ und „Scharnhorst“ eingebaut. Zwar standen die Entscheidungsträger im Oberkommando der Kriegsmarine zu Kriegsbeginn nicht geschlossen hinter der Ausrüstung der schweren Kreuzer und Schlachtschiffe mit dem FuMG 39 G, das später auch als Funk-Mess-Ortungsgerät FuMO 22 bezeichnet wurde. Dennoch wurden weitere Schiffe wie die Kreuzer „Blücher“ und „Admiral Hipper“ sowie die „Deutschland“, die später als „Lützow“ in der Kriegsmarine ihren Dienst versah, mit der Anlage versehen. Einziger Nachteil war der große technische Aufwand, den der Aufbau der Geräte an der Mastanlage erforderte: Diese musste verstärkt werden, da oftmals eine zusätzliche Plattform für die einzelnen Elemente der Ortungsanlage aufzuschweißen war. Erst beim Bau der „Bismarck“, des größten Schlachtschiffes der deutschen Kriegsmarine, wurden die notwendigen räumlichen Voraussetzungen für die Funk-Mess-Ortungsanlage „Calais“ geschaffen. Die hohe Fertigungsqualität und die Verlässlichkeit der FuMG 39 G der GEMA beeindruckten die Offiziere des Technischen Nachrichtenwesens des Oberkommandos der Marine so sehr, dass sie der Gesellschaft den Auftrag für die Entwicklung eines Nachfolgemodells gaben. Dieser Gerätetyp mit der Bezeichnung FuMG 40 G wurde auch an Land zum Schutz bestimmter Küstengebiete wie der Deutschen Bucht eingesetzt. Ein weiteres, vom Funkmessgerät 40 G abgewandeltes Gerät mit der Kennzeichnung Funk-Mess-Ortungsgerät 3, das den außergewöhnlichen Namen „Calais-Zerstörersäule“ bekam, war ausschließlich für den Küstenschutz vorgesehen und kam in geringen Stückzahlen zum Einsatz. In Frankreich standen elf derartige Geräte in Verwendung.

Eine wesentliche Vorgabe des Technischen Nachrichtenwesens war die regelmäßige technische Weiterentwicklung der aktiven „Seetakt“-Geräte vor allem hinsichtlich der Verbesserung ihrer Peilgenauigkeit. Die Qualitätssteigerung der Feinpeilung sollte die Erfolgsquote bei der Ortung feindlicher Schiffsverbände erhöhen. Aus diesem Grund wurde die Zahl der verwendeten Röhren von 25

224 Vgl. Trenkle: Funkmessverfahren, S. 159.

Radarantenne für FuMG 38 G „Seetakt" auf dem vorderen Entfernungsmesser der „Admiral Graf Spee".
WikiMedia Commons / U.S. Naval Historical Center (gemeinfrei)

auf 38 Stück erhöht. Die neue Generation des FuMG 40 G, auch als FuMO 24 bezeichnet, hatte eine Antenne von 2 mal 6 m, die auf einer Drehsäule aufgesetzt war. Das etwas abgewandelte Modell FuMO 25 verfügte über eine 2 mal 4 m große Antenne auf einer abgesetzten Drehsäule, das nachfolgende FuMO 26 über eine Haube und eine völlig neu entwickelte, horizontal polarisierende Antenne, die 3,2 mal 6,6 m maß. Zur Reihe der Funk-Mess-Ortungsgeräte der Serie 27 gehörte eine E-Messeinheit, kombiniert mit einem Funk-Mess-Ortungsstand, auf dem eine 2 mal 4 m große Antenne montiert war.

Zu dem am Anfang des Zweiten Weltkrieges bestehenden ortungstechnischen Vorsprung der deutschen Kriegsmarine gegenüber den Alliierten, auf deren Schiffen Ende der 1930er-Jahre keine ortungstechnischen Anlagen vorhanden waren, kam eine produktionstechnische Fehlkalkulation der US-amerikanischen und der britischen Marine. Die GEMA war das einzige Unternehmen, das die Kriegsmarine bis 1942 mit Radaranlagen versorgte. Nun musste die GEMA aber auch der Luftwaffe Radargeräte vom Typ „Freya“ in größerer Stückzahl liefern. Die Produktionsbetriebe mit ihren eingeschränkten Kapazitäten konnten den notwendigen Bedarf der Kriegsmarine daher nicht decken. Von der Kriegsmarine entwickelte Versuchsgeräte wurden nicht in die Serienfertigung aufgenommen, obwohl die bei den Seegefechten ab 1941 gemachten Erfahrungen zeigten, wie notwendig eine neue Generation von Funkmess- sowie Funk-Mess-Ortungsgeräten war. Diese Situation machte es erforderlich, die Geräte der ersten Generation nicht nur sorgsam zu warten, sondern auch weiterzuentwickeln. Auch die von den Besatzungen geforderte Steigerung der Ortungsreichweiten konnte nicht erreicht werden. Die optischen Messgeräte boten die Möglichkeit, verlässliche Daten über feindliche Schiffsbewegungen zu liefern. Der große Vorteil der elektronischen Ortungstechnik offenbarte sich vor allem bei Nacht und Nebel in der Entfernungsmessung. Kaum möglich war der erfolgreiche Einsatz der schweren Artillerie im Gefecht auf Grundlage einer Zielpeilung durch das bordeigene Funkmessgerät bei Sturm – das hätte eine technisch aufwendige Stabilisierung der Anlage notwendig gemacht. Nur in einem einzigen Fall wurde die sturmsichere Stabilisierung eines Radargeräts auf einem Schiff der deutschen

Kriegsmarine vorgenommen, nämlich auf dem Nachtjagd-Leitschiff „Togo“, auf dem ein „Würzburg-Riese“ verbaut war. Den Einsatz größerer Funkmessgeräte auf Schlachtschiffen und schweren Kreuzern erlaubten die Platzverhältnisse kaum. Lediglich das kleine „Würzburg“-Gerät wurde probeweise verbaut und dabei die elektronische Messeinheit für die Flugabwehrkanonen stabilisiert, um den Einsatz der Ortungsanlage bei schwerer See zu gewährleisten. Die Schiffsbesatzung nannte dies „Wackeltöpfe“. Gegen den Einfluss der salzhaltigen Luft und der hohen Feuchtigkeit galt es, die Geräte zudem mit Schutzkappen zu versehen und speziell isolierte Kabel zu verwenden. Auf U-Booten bewährte sich der Einsatz von „Seetakt“-Anlagen der Serien FuMO 41 G, FuMO 29 und FuMO 42 G (auch FuMO 30) indes nicht. Verschiedene Probleme, wie die Größe der Geräte auf schmalem Raum und der Einfluss des Salzwassers auf die Antennenanlagen, waren einem wirkungsvollen Einsatz abträglich. Insgesamt lässt sich der Einsatz aller „Seetakt“-Anlagen im Verlauf des Krieges aber als durchweg erfolgreich bewerten.[225]

Bilanz des Hochfrequenzkrieges: Aufholjagd von deutscher Seite kam zu spät

Am Anfang des Hochfrequenzkrieges stand ein deutscher Erfolg, als bei einem Angriff auf Wilhelmshaven Mitte Dezember 1939 mittels des „Freya“-Funkmessgerätes zwölf britische Bomber abgeschossen werden konnten. Die Geräte orteten den Bomberverband bereits in einer Entfernung von mehr als 100 km. Auf Wehrmachtsseite war mit Blick auf diese Waffe von „Funkmesstechnik“ die Rede, auf britischer Seite von Radar.

Während der Kriegsjahre erfuhr die Funkmesstechnik eine dynamische Entwicklung, die als Mittel der Kriegsführung „das Gesicht des Luft- und Seekrieges in operativer und taktischer Hinsicht grundlegend veränderte“[226], wie Frank Reuter feststellte. Waffenerfolge wurden so auch in der Nacht möglich. Aber auch bei Tag

225 Vgl. Trenkle: Funkmessverfahren, S. 164, 167.
226 Vgl. Reuter: Radar-Verfahren, S. 186.

konnten herkömmliche Waffen effektiver eingesetzt werden. Sowohl der deutschen Luftwaffe als auch der Kriegsmarine ermöglichte dieses Instrument in der ersten Phase des Krieges große Erfolge, die vor allem auf dem Moment der Überraschung beruhten. Das änderte sich in dem Moment, als der Gegner gleichzog. Von nun an ging es nicht mehr nur um Funkmessortung, sondern auch um Funkmessbeobachtung. Hierbei stand die Frage im Vordergrund, ob ein Schiff oder Flugzeug geortet worden war und aus welcher Richtung diese Ortung kam. Parallel dazu gewannen Methoden an Bedeutung, die Ortung nach Möglichkeit zu unterbinden oder aber zumindest einzuschränken. So setzte bis Kriegsende ein weiteres Pingpongspiel ein: Auf Störverfahren, die der Feind einsetzte, folgten Entstörungsverfahren. Das setzte aber einen hohen Stand der Aufklärungsbemühungen voraus: Jeder Schachzug, jede Innovation des Gegners musste erkannt, analysiert und gekontert werden. So entwickelte sich im Laufe der Zeit ein, um es mit heutigen Worten zu sagen, Hightechkrieg, der eine immer komplexere Technik und entsprechend ausgebildetes Personal notwendig machte, das immer wieder neu geschult werden musste. Hiervon hing der Kampfwert im entscheidenden Maße ab.

Auf deutscher Seite ruhte man sich nach dem Wilhelmshaven-Erfolg nicht aus. Sehr schnell wurden die Schwächen des Frühwarngeräts „Freya“ erkannt. So konnten mit dem „Freya“-Gerät die Flughöhe oder die Größenordnung der Ziele nicht festgestellt werden. Ergänzend trat das „Würzburg“-Gerät hinzu, das über eine Reichweite von gut 40 km Angaben über Flughöhe und Anzahl der Ziele ermöglichte, was es auch für die Flakartillerie relevant machte. Entsprechend groß war das Interesse der deutschen Luftwaffe, die im Herbst 1939 mehrere Tausend „Würzburg“-Geräte orderte.

Aber der britische Gegner schlief nicht: Zunächst ging man auf deutscher Seite irrtümlicherweise davon aus, dass dieser keine Funkmessgeräte besitze. Sie wurden nicht erkannt, weil die Engländer auf einer anderen Wellenlänge operierten. Das deutsche Niveau konnte aber auf englischer Seite zunächst nicht erreicht werden. Dafür bauten die Engländer an ihrer Ostküste und am Ärmelkanal ein engmaschiges Radarnetz auf. Dessen Effizienz sollte sich in der Luftschlacht um England zeigen, als die deutsche Luftwaffe hohe Verluste erlitt.

Bald sah sich die deutsche Seite mit immer größeren Bomberverbänden konfrontiert, die vornehmlich nachts operierten. Das zwang zu einem Funkmesssystem, das die deutschen Nachtjäger an die Bomberverbände heranführte, was zunächst nur selten gelang. Es bedurfte eines eigenen Funkmessgeräts an Bord des Jägers, um die feindlichen Flugzeuge orten zu könne. Das „Lichtenstein"-Gerät, das diese Anforderungen erfüllte, arbeitete auf 60 cm Wellenlänge und hatte eine Reichweite von 2 bis 3 km. Allerdings fiel dieses Gerät den Briten bald in die Hände, die umgehend Gegenmaßnahmen einleiteten.

Mit der „Kammhuber-Linie", einem engmaschigen Netz aus Funkmessstellungen, Jägerleitständen und Flakeinheiten, die mit den Nachtjagdverbänden in Verbindung standen, konnte ein effektives Luftverteidigungsinstrument geschaffen werden („Himmelbett-Verfahren"). Die Funkmessstellungen bestanden aus „Freya"- und „Würzburg"-Geräten.

Die Verluste der britischen Bomberstaffeln stiegen fühlbar an, sodass seitens der Royal Air Force intensiv an Störmaßnahmen gearbeitet wurde. Dafür brauchte man aber Kenntnisse über die Funktionsweise der deutschen Funkmessgeräte. Ende Februar 1942 gelang es den Briten, durch eine Kommandooperation bei Bruneval an der französischen Kanalküste in den Besitz eines „Würzburg"-Geräts zu gelangen. Die britischen Techniker erkannten bald die Schwächen des Geräts: Es verfügte nur über eine geringe Bandbreite und verwendete eine feste Frequenz. Auf deutscher Seite war man sich nach diesem Coup schnell bewusst, dass es den Briten vor allem darum ging, Störmöglichkeiten zu finden. Ein Telefunken-Ingenieur entdeckte bald eine so einfache wie effektive Störmethode: Stanniolstreifen. Wenn ein Radarstrahl auf die Streifen trifft, wirken sie als Reflektoren und senden einen Teil der Strahlung zurück. Am effektivsten ist diese Reflexion, wenn die Fäden halb so lang sind wie die verwendete Wellenlänge des Radargeräts. Der Effekt: Auf dem Radar kann nicht mehr zwischen Flugzeugen und Stanniolstreifen unterschieden werden. Auf deutscher Seite wurde dieses Verfahren nach dem Gut Düppel bei Berlin benannt, wo die ersten Versuchsreihen stattfanden. Auch auf britischer Seite entdeckt man etwa zeitgleich dieses Verfahren. Sowohl die deutsche als auch die englische Seite wollten es aber zunächst

Ein Nachtjäger Heinkel He 219 mit FuMG „Lichtenstein SN 2" („Hirschgeweih"). Bundesarchiv, Bild 146-1972-004-32 (CC BY-SA 3.0 de)

nicht anwenden – aus Angst, der Feind könnte davon Kenntnis erlangen. Die Briten setzten dieses Mittel erst im Juli 1943 bei den vernichtenden Angriffen auf Hamburg ein, und zwar mit durchschlagendem Erfolg. Die deutsche Luftverteidigung konnte weitgehend ausgeschaltet werden.

Die deutsche Seite reagierte rasch. Das „Würzburg"-Gerät wurde mit einem Zusatzgerät, der „Würzburg-Laus"/„Würzlaus", entstört. Später folgte die „K-Laus", die half, den Stanniolnebel auf den Radarschirmen zu durchdringen. Die Nachtjäger erhielten das leistungsstarke Gerät „Lichtenstein SN 2", das weit weniger empfindlich gegen elektronische Störmaßnahmen war.

Auch im Seekrieg ging anfängliche deutsche Überlegenheit im Funkmesswesen sukzessive verloren, als die Royal Navy ihre Schiffe mit Radar ausstattete. Fatal wirkte sich das Radar auf die deutschen U-Boote aus, die aufgrund der rasch erschöpften Kapazität ihrer Batterien in der Regel aufgetaucht operierten. Nur bei Angriffen oder Gefahr tauchten sie ab. Aufgetaucht fahrende U-Boote wurden aber vom Radar der Suchflugzeuge erfasst. Die Folge waren horrende Verluste auf deutscher Seite. Daran änderten die „Metox"- oder „Satir"-Empfänger, die die Besatzungen warnen sollten, wenn sie vom Radar erfasst wurden, kaum etwas. Auf alliierter Seite war man nämlich mit „Huff-Duff"-Geräten in der Lage, U-Boote auch bei kurzen Funksprüchen anzupeilen.

Die erfolgreiche Anwendung der Zentimeterwellentechnik führte zu einem Vorsprung auf britischer Seite gegenüber Deutschland. Diese Technik erlaubte eine bis dahin nicht gekannte Messgenauigkeit über große Entfernungen hinweg bei gleichzeitig deutlich gesteigerter Störfestigkeit.

Augenfällig wurde dieser Vorsprung zum Beispiel im „Rotterdam-Gerät" (so die deutsche Bezeichnung). Dieses Gerät an Bord der Bomber der RAF war für die Zielfindung unter schlechten Sichtbedingungen, wie bei schlechtem Wetter oder bei Nachteinsätzen, entwickelt worden. Auf deutscher Seite musste man zu Beginn des Jahres 1943 zur Kenntnis nehmen, dass die britischen Radargeräte mit Zentimeterwellen (9-cm-Welle) operierten. Doch nicht nur das: Dieses H2S-Gerät – H2S war der Deckname auf britischer Seite – ermöglichte auch eine Panoramaanzeige, d. h. „die automatische Rundübersicht mittels rotierender Antenne"[227], so Frank Reuter. Es gab auf deutscher Seite Stimmen, die diese Entwicklung mit Blick auf den Hochfrequenzkrieg in seinen Auswirkungen für Deutschland mit der Niederlage von Stalingrad verglichen.[228] Der Scheitelpunkt des Krieges wurde auch im Hochfrequenzkrieg, und zwar insbesondere im U-Boot-Krieg, im Frühjahr 1943 erreicht. Jede Feindfahrt eines U-Bootes wurde fortan zu einem Himmelfahrtskommando. Der Luftwaffe indes gelang es mit den Entwicklungen „Korfu" und „Naxos" bald, wirksame technische Antworten zu entwickeln.

Nichtsdestoweniger begann nun die Phase des „zähen Abringens der Kräfte"[229]. Entsprechend fieberhaft arbeiteten die deutschen Wissenschaftler, um den alliierten Vorsprung im Hochfrequenzkrieg zu kompensieren. Frank Reuter hat die Entwicklungen, die zu diesem Vorsprung geführt hatten, zusammengefasst. Zu den wichtigsten Faktoren zählen aus seiner Sicht:

- Der nicht zielführende Schritt der Nachrichtenmittel-Versuchsanstalt, nach einem nicht erfolgreichen Kontakt mit Telefunken im Jahr 1933 eine eigene Firma, die GEMA, ohne

227 Reuter: Radar-Verfahren, S. 114.
228 Ebd., S. 188.
229 Ebd., S. 114.

das Know-how von Telefunken und mit geringen finanziellen Mitteln aufzubauen. Bei einer Kooperation mit Telefunken wären die Forschungsbedingungen sicherlich deutlich günstiger gewesen.

- Insbesondere Großbritannien und die USA hatten die Bedeutung der Technik für die Kriegsführung früher erkannt und umfassend gefördert. Auf deutscher Seite wuchs erst allmählich die Erkenntnis, dass die Funkmesstechnik eine neue Waffengattung repräsentierte, die einen großen Aufwand an wissenschaftlicher Forschung sowie einen hohen Stand technischer Leistungsfähigkeit und der Truppenausbildung voraussetzte.
- Forschung, Entwicklung und Fertigung der Funkmesstechnik wurden erst nach einigen Jahren Kriegsdauer auf eine längere Kriegsführung hin ausgerichtet.
- Die wissenschaftliche Fehlbeurteilung der Zentimeterwelle durch führende Fachleute: Der Misserfolg bei der Zentimeterwellenentwicklung in den 1930er-Jahren führte zu dem Urteil, dass sich Zentimeterwellen für die Funkmessortung nicht eigneten. Ende November 1942 kam es sogar zum Abbruch der Arbeit an der Zentimeterwellentechnik[230].

Zu einem Umdenken kam es erst durch den schweren Luftangriff auf Hamburg und den Präzisionsangriff auf die Heeresversuchsanstalt Peenemünde, der das V-Waffen-Programm zurückwarf. Das Versagen der deutschen Luftabwehr führte zu einem *Blame game*, in dessen Verlauf der Chef des Generalstabes der Luftwaffe, Generaloberst Hans Jeschonnek, Selbstmord verübte. General Wolfgang Martini, der seit November 1941 das Amt eines Sonderbeauftragten für Funkmesstechnik bekleidete, wurde von Göring für den Rückstand in der Zentimeterwellentechnik verantwortlich gemacht. Martini war allerdings die falsche Adresse für derartige Vorwürfe. Er hatte ein Fernmeldenetz und eine Flugsicherungs-, Flugmelde-, Funkaufklärungs- und Verbindungsorganisation geschaffen, die in dieser Form einzigartig war.

230 Ebd., S. 197.

Letztlich zu spät ergriff man auf deutscher Seite durchgreifende Maßnahmen. So wurde im Mai 1944 die Sonderkommission für Funkmesstechnik (SKFM) unter Leitung von Karl Rottgardt von der Firma Telefunken gegründet, der auch die AG Rotterdam angegliedert wurde; Leo Brandt, der bis dahin die Entwicklungsgruppe Funkmess geleitet hatte, wurde beauftragt, die Arbeiten der AG Rotterdam weiterzuführen. Nun endlich wurde auch eine Zusammenarbeit der Wehrmachtsteile Luftwaffe und Marine sichergestellt. Sehr schnell sah man sich aber mit dem Problem eines dramatischen Mangels an Fachkräften und Spezialisten konfrontiert, der bereits seit Längerem bestand, nicht zuletzt deshalb, weil etliche Fachkräfte an die Front kommandiert worden waren.

Dennoch konnte auf deutscher Seite Boden gutgemacht werden, was aber immer wieder von Rückschlägen begleitet wurde. Für die Techniker und Wissenschaftler auf deutscher Seite muss es konsternierend gewesen sein, dass die Versuche, die deutsche Funkmesstechnik wieder auf Augenhöhe mit der alliierten zu bringen, unter anderem durch einen Navigationsfehler empfindlich zurückgeworfen wurden. Mitte Juni 1944 landete eine Nachtjägerbesatzung irrtümlich in England – mit der gesamten Hochfrequenzeinrichtung, darunter das „Lichtenstein SN2“ und das Zielfindungsgerät „Flensburg“, die nicht mehr zerstört werden konnte. Die Folge war absehbar: Den Alliierten gelang es in der Folge, beide Geräte zu stören.

Bei Kriegsende erreichten auf deutscher Seite „Elefant“- und „Mammut“-Geräte mit Reichweiten von bis zu 600 km die Baureife. Die deutschen Wissenschaftler experimentierten überdies mit kurzen Wellenlängen.[231] Die Wiedererringung der Führungsposition im Funkmesswesen kam indes zu spät: Der Krieg war verloren.

231 Vgl. Markus Scholz: „Augen in Nacht und Sturm – Die Entwicklung der Funkmesstechnik“; online unter: geschichtsspuren.de/artikel/luftverteidigung/64-entwicklung-der-funkmesstechnik.html (letzter Zugriff: 19. Juli 2022).

Kapitel VI

Die „Wunderwaffe" unter den Schlüsselmaschinen kam zu spät

Das fahrlässige Vertrauen in die „Enigma"

Auf deutscher Seite hätte man bei Ausbruch des Zweiten Weltkrieges mit Blick auf die Fähigkeiten britischer Codebrecher gewarnt sein müssen: Kurz nach Beginn des Ersten Weltkrieges kappten die Briten alle fünf deutschen Unterseekabel. Danach waren die Deutschen auf fremde Leitungen angewiesen, wenn sie mit ihren Auslandsvertretungen in Kontakt treten wollten. Zu diesem Zweck bevorzugte man ausgerechnet eine US-amerikanische Leitung. Von einer sicheren Durchleitung brisanter Depeschen konnte fortan nicht mehr ausgegangen werden, was auf deutscher Seite dazu führte, dass das Verschlüsselungssystem ab und an geändert wurde. Dennoch gelang es den Briten, immer wieder in das deutsche Codesystem einzubrechen. Hierbei erwarb sich die nachrichtendienstliche Abteilung der britischen Admiralität mit dem Decknamen „Room 40" – offenbar eine Reminiszenz an die „Black Rooms" oder „Chambers" (Schwarzen Kammern)[232] vergange-

232 So bezeichnete man die in wichtigen Postämtern eingerichtete Stelle, bei der auf Anordnung der Regierung alle von einer Person aus- oder eingehenden Briefe im Geheimen geöffnet, eingesehen, abgeschrieben, wieder verschlossen und in den Postverkehr zurückgeleitet wurden.

ner Zeiten – besondere Meriten. Der „Room 40“[233] befand sich im Admiralitätsgebäude an der Horse Guards Parade in London. Diese Abteilung befasste sich mit der mit der Entzifferung geheimer Nachrichten aus dem Deutschen Reich. Die Grundlage hierfür bildeten erbeutete deutsche Codebücher.

Der wohl größte Erfolg des „Room 40“ war die Entzifferung des „Zimmermann-Telegramms“, was maßgeblich zum Kriegseintritt der USA beitrug und zur Niederlage der Mittelmächte führte. Dabei handelte es sich um die Entschlüsselung einer Depesche, die die Briten im Januar 1917 abgefangen hatten. Sie enthielt zwei Nachrichten aus der Berliner Wilhelmstraße – dem damaligen Sitz des deutschen Außenministeriums – für den deutschen Botschafter in den USA. Dieser wurde angewiesen, das Telegramm unbedingt nach Mexiko weiterzuleiten. Die wesentlichen Inhalte des Telegramms bestanden zum einen aus der Ankündigung, Anfang Februar 1917 den „uneingeschränkten U-Boot-Krieg zu beginnen“. Zum anderen war die Rede von einem neuen Bündnis mit Mexiko, das sich gegen die zu diesem Zeitpunkt noch neutralen USA richten sollte. Arthur Zimmermann, der das Telegramm abgeschickt hatte, war damals Staatssekretär im Berliner Auswärtigen Amt, hatte allerdings eine wichtige Bedingung für dieses Bündnis formuliert: Es sollte nur dann vorgeschlagen werden, wenn es nicht gelänge, die USA neutral zu halten.

Die USA waren Anfang 1917 zwar formal noch neutral, ihre Präferenz für die Ententemächte war aber unübersehbar. 1915 hatte ein deutsches U-Boot zudem in der Irischen See den Passagierdampfer „Lusitania“ versenkt. Dabei waren 128 US-Staatsbürger ums Leben gekommen. Nur mit größter Mühe hatte das Kaiserreich die USA anschließend beschwichtigen können.

Nun sollte es trotz dieses Zwischenfalls wieder einen uneingeschränkten U-Boot-Krieg geben, was das Risiko barg, auch neutrale, US-amerikanische Schiffe zu treffen – mit der Folge einer wahrscheinlichen Kriegserklärung der Vereinigten Staaten gegen das Kaiserreich. Deswegen die Initiative des Kaiserreichs in Richtung Mexiko, das mit den USA eine Reihe von Rechnungen offen

233 Vgl. hierzu den instruktiven Eintrag „Room 40“ in der englischsprachigen Wikipedia: en.wikipedia.org/wiki/Room_40 (letzter Zugriff: 29. Januar 2022).

hatte. Allerdings war Mexiko in einem desolaten Zustand, was die Frage aufwirft, was genau man sich auf deutscher Seite von diesem Bündnispartner erhoffte.

Aber auch auf deutscher Seite hatte man nicht viel anzubieten. Zimmermann avisierte neben finanzieller Unterstützung das deutsche Einverständnis, wenn Mexiko in Texas, Neumexiko und Arizona früher verlorenes Gebiet zurückeroberte.

Brisant an dem Vorgang war, dass in „Room 40" nicht nur der Diplomatenverkehr der Deutschen, sondern auch jener der US-Amerikaner und selbst der Schweden überwacht wurde. Also bewahrten die Briten zunächst Stillschweigen in der Causa Zimmermann-Telegramm. Die USA beließen es nach Bekanntwerden des uneingeschränkten deutschen U-Boot-Krieges zunächst beim Abbruch der diplomatischen Beziehungen. US-Präsident Woodrow Wilson wollte die USA aus dem Krieg heraushalten. Die Briten mussten also aktiv werden und verstanden es, das Telegramm so an den US-Botschafter in London zu lancieren, dass nicht erkannt werden konnte, wie die Briten ursprünglich an den Text gekommen waren. Anfang März 1917 war das Zimmermann-Telegramm Gesprächsthema in allen US-Leitmedien, mit der von den Briten gewünschten Resonanz. Zimmermann machte dann einen weiteren Fehler: Er bestätigte, dass das Telegramm authentisch sei. Einen Monat später erklärten die USA dem Kaiserreich den Krieg. Erst 1923 sollte bekannt werden, und zwar durch niemand geringeren als Winston Churchill[234], dass die Briten durch Entschlüsselung an den Text der Zimmermann-Depesche gekommen waren.

Zu diesem Zeitpunkt hatte der Unternehmer und Erfinder Arthur Scherbius bereits eine Rotationschiffriermaschine entwickelt, für die er schon im Februar 1918 ein Patent angemeldet hatte.[235] Seine Maschine sollte später die Bezeichnung „Enigma"[236] erhalten. Scherbius war aber nicht der Einzige, der an einer derartigen Maschine arbeitete. Auch Arvid Damm in Schweden, Hugo A. Koch

234 Im ersten Band seines Buchs „The World Crisis" (1923).

235 Die folgenden Ausführungen zur „Enigma"-Verschlüsselungsmaschine orientieren sich an den einschlägigen Passagen in Schumacher: Forschung, Rüstung, Krieg, S. 138–173.

236 Von griech. αίνιγμα = Rätsel.

Funktionsgruppen der Verschlüsselungsmaschine „Enigma I".
WikiMedia Commons / Karsten Sperling (gemeinfrei)

in den Niederlanden und Eduard Hebern in den USA entwickelten 1919 unabhängig voneinander das Rotorprinzip.

Das Interesse an der Scherbius-Schlüsselmaschine hielt sich indes zunächst in Grenzen, und zwar sowohl vonseiten der Wirtschaft als auch von militärischer Seite. Auch das Bekanntwerden der Entschlüsselung der Zimmermann-Depesche half Scherbius nicht weiter.

Aufgrund des Desinteresses sollte die Maschine in einer öffentlich zugänglichen Version von der 1920 gegründeten Firma Scherbius & Ritter vertrieben werden, an der Scherbius seine Rechte abtrat. 1923/24 wurde die „Enigma" auf mehreren Kongressen und Post-Ausstellungen im In- und Ausland präsentiert. Diese Kongresse und das durch Churchill ausgelöste Bekanntwerden des Umstandes, dass die für sicher gehaltenen deutschen Codierungsverfahren im Ersten Weltkrieg aufgedeckt worden waren, weckten schließlich doch das Interesse der Reichswehr, die sich allerdings eine Sonderausführung ausbedingte, die nicht in den kommerziellen Handel kommen durfte. Die angespannte finanzielle Lage änderte sich für Scherbius indes nicht; nach seinem Tod im

Jahre 1934 mussten die Rechte an seinen Patenten verkauft werden, um seine Schulden zu tilgen.

Die Reichsmarine hatte von Anfang an das Privileg einer eigenen „Enigma“; sie stellte 1926 auf das System um. Im Jahr darauf sicherte sich Scherbius ein ähnliches Patent des Niederländers Hugo A. Koch und verbesserte die „Enigma“ weiter. 1928 erwarb das Heer diese Version und modifizierte sie mit weiteren Elementen. Und nach der Machtergreifung der Nationalsozialisten übernahmen auch Luftwaffe, militärische Abwehr, SS, Reichssicherheitsdienst, Reichsbahn und mehrere Ministerien die von Scherbius als sicher apostrophierte Verschlüsselungstechnik.

Zentral für die Funktionsweise der „Enigma“ sind Walzen, die sogenannten Rotoren, die die 26 Buchstaben des Alphabets zeigen. Jedes Zeichen wird elektrisch von Walze zu Walze weitergeleitet und hierbei immer wieder neu verschlüsselt. Überdies rückt nach jedem Buchstaben mindestens ein Rotor um eine Position weiter. Die Rotoren sind austauschbar und elektrisch miteinander verdrahtet. Waren es in den Vorkriegsjahren nur drei Walzen, die eingesetzt wurden, waren es im Krieg fünf oder sogar acht verschiedene Walzen, aus denen die Funker ihre Dreierkombinationen bilden konnten. Die schier unendlich erscheinende Anzahl von Codierungsmöglichkeiten suggerierte der deutschen Seite eine Kommunikationssicherheit, die sich im Krieg verhängnisvoll auswirken sollte.

Dass eine feindliche Macht diese Verschlüsselung kompromittieren könnte, wurde auf deutscher Seite ausgeschlossen. Dabei setzten die Versuche, die „Enigma“ zu enträtseln, bereits vor Machtantritt der Nationalsozialisten ein. Hierbei leistete ausgerechnet ein Deutscher entscheidende Dienste. Hans-Thilo Schmidt – Decknamen „Asché“, „HE“ oder „Source“ –, ein Mitarbeiter in der Chiffrierstelle des Reichswehrministeriums, sollte zu einem der wichtigsten Spione des Zweiten Weltkrieges aufsteigen. Vermittelt wurde Schmidt die Stelle über seinen Bruder, dem späteren Generalobersten Rudolf Schmidt, der die Chiffrierstelle von 1925 bis 1928 geleitet hatte.

Die Geschichte der Entzifferung der „Enigma“ begann im Jahr 1932, als der für Frankreich spionierende Schmidt geheime Schlüsseltafeln für die Monate September und Oktober, die Gebrauchsanleitung und die Schlüsselanleitung gegen Geld an die Franzosen verriet. Allerdings waren zu diesem Zeitpunkt, wie bereits erwähnt, nur drei Walzen im Einsatz; die Walzenlage wurde überdies nur vierteljährlich und noch nicht täglich gewechselt. Der französische Geheimdienst leitete die Unterlagen an britische und polnische Stellen weiter. Auf Schmidt wird weiter unten noch zurückzukommen sein.

Franzosen und Briten scheiterten mit ihren Versuchen, die Verschlüsselung der „Enigma" zu enträtseln. Nicht so die Polen; hier konnte der Mathematiker Marian Rejewski 1932 einen ersten Einbruch in die „Enigma" melden. Damit erbrachte Rejewski nach den Worten des US-Historikers Kahn eine kryptoanalytische Meisterleistung, die ihn „in das Pantheon der größten Kryptoanalytiker aller Zeiten erhebt".[237] Noch weiter ging der englische Codeknacker Irving J. Good, der Rejewskis Leistung als „Theorem, das den Zweiten Weltkrieg gewann", bezeichnete.[238] Dieses Urteil ist sicherlich überzogen, zeigt aber die weitreichende Bedeutung des Einbruchs in die als entschlüsselungssicher geltende „Enigma" an.

Im Hinblick auf die Aufgabe, die richtige Walzenlage und -stellung zu erschließen, spielte den Codeknackern ein gravierender verfahrenstechnischer Fehler auf deutscher Seite in die Hände: Der Spruchschlüssel wurde zu diesem Zeitpunkt zweimal hintereinandergestellt, also verdoppelt. Dieses Verfahren sollte einer sicheren Übermittlung dienen. Das erleichterte den polnischen Analysten die Zuordnung von Geheimtext- zu Klartextbuchstaben. Dabei halfen ihnen eigens für diesen Zweck gebaute Maschinen, das Zyklometer und die „kryptologische Bombe" (*Bomba*).

Es war im Übrigen nicht nur die Spruchschlüsselverdopplung, die sich als Schwachstelle erweisen sollte. Hinzu kam ein weiterer schwerer kryptografischer Fehler, die Grundstellung zur Verschlüsselung eines Funkspruchs; sie musste von allen Beteiligten als Walzenanfangsstellung zur Verschlüsselung des Spruchschlüssels angewandt werden. Das hatte zur Konsequenz, dass alle Spruchschlüs-

---

237 David Kahn: The Codebreakers. The Comprehensive History of Secret Communication from Ancient Times to the Internet, 2, Aufl., New York 1996, S. 974.

238 Cipher A. Deavours im Nachwort zu Marian Rejewski: „How Polish Mathematicians Deciphered the Enigma"; in: Annals of the History of Computing 3 (1981), S. 213–234, hier S. 229 u. 232.

sel desselben Tages mit identischen Schlüsseln verschlüsselt waren, was Codeknackern die Arbeit erheblich erleichterte.

Mitte September 1938 wurden die Karten neu gemischt, weil auf deutscher Seite die Verfahrenstechnik dahin gehend geändert wurde, dass die Walzen IV und V eingeführt wurden, was die Zahl der möglichen Walzenlagen erheblich erhöhte. Damit waren die Polen überfordert, entschlossen sich aber mit Blick auf einen drohenden Krieg gegen Deutschland, ihre Erkenntnisse zur „Enigma“ an Frankreich und England zu übergeben. Ende Juli 1939 fand ein Geheimtreffen von französischen, britischen und polnischen Codebrechern im Kabaty-Wald von Pyry in der Nähe von Warschau statt.

Mit den polnischen Vorarbeiten, unter denen die Offenlegung der Struktur der Walzenverdrahtungen wohl am wertvollsten war, konnten die britischen Kryptoanalytiker bei Ausbruch des Krieges im etwa 70 km nordwestlich von London gelegenen Bletchley Park weiter an der Entschlüsselung der „Enigma“ arbeiten. Neben einem massiven Personaleinsatz, der phasenweise gut 14.000 Personen umfasste, sollte es vor allem der Weiterbau der polnischen

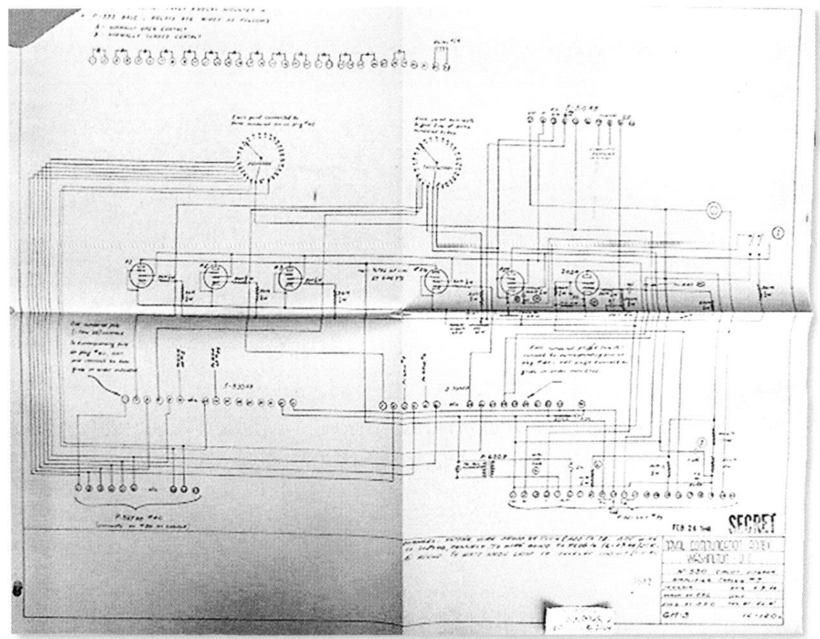

Schema des Verstärkergehäuses der kryptoanalytischen „Bombe“ der US Navy von 1943. WikiMedia Commons / NARA (gemeinfrei)

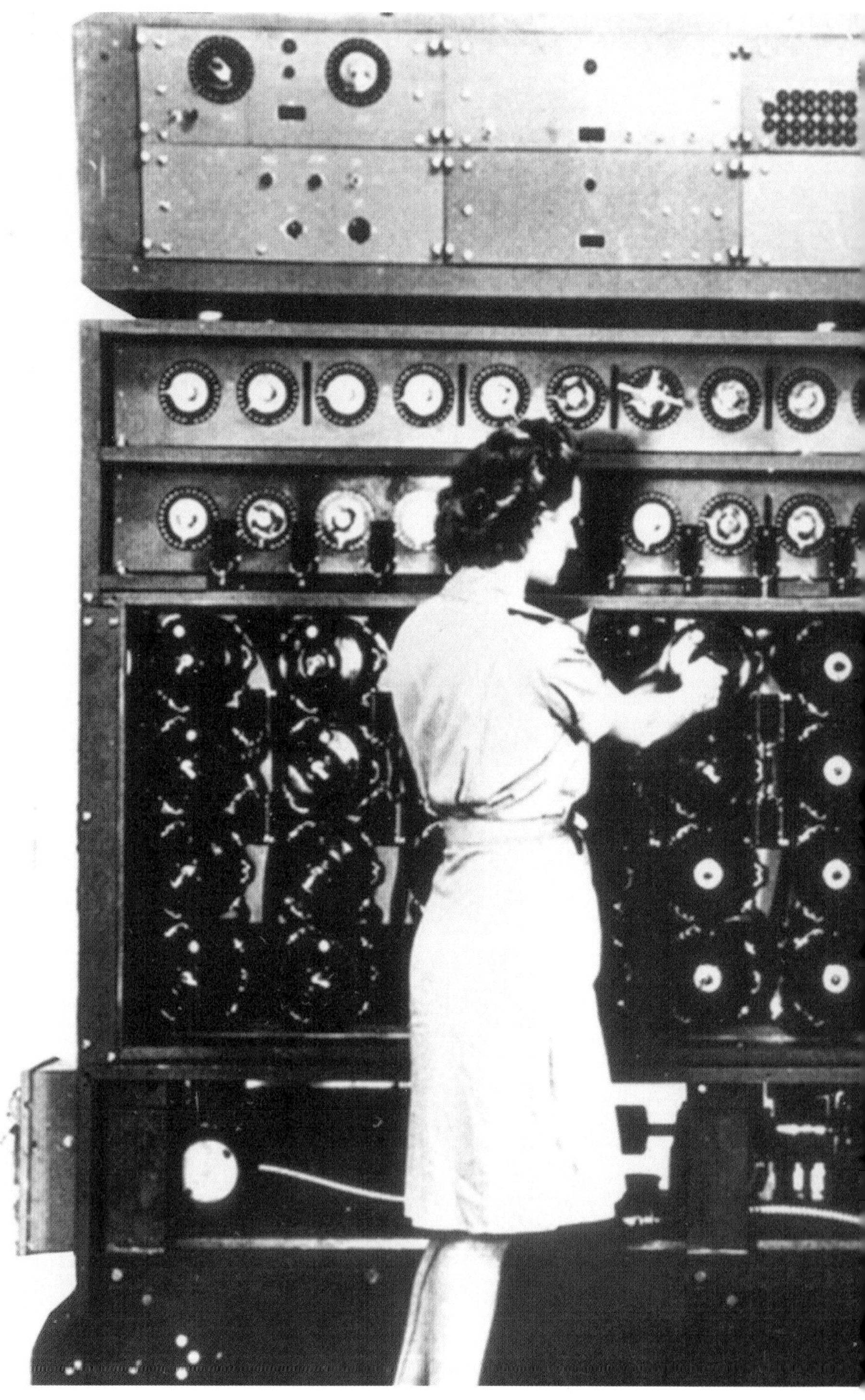

Eine „Enigma“-Entschlüsselungsmaschine, „Bombe“ genannt. Diese vom Registrierkassenhersteller NCR in Ohio gebaute Maschine eliminierte alle möglichen Verschlüsselungen von abgefangenen Nachrichten, bis sie die richtige Lösung fand.

WikiMedia Commons / NSA (gemeinfrei)

Bomba in Gestalt der elektromechanischen „Turing-Bombe“ sein, der den entscheidenden Durchbruch brachte.

Zentral für die Funktion der „Bombe“ waren wahrscheinliche Wörter („Cribs“), die in einem Text erwartet werden konnten. Ohne diese Wörter war eine Entzifferung unwahrscheinlich. So scheiterte der britische Einbruch in zwei Schlüsselkreise der Deutschen Reichsbahn. Grund war nicht eine besondere „Enigma“-Variante, sondern die spezifische Eisenbahnersprache, die die Strategie, nach wahrscheinlichen Wörtern zu suchen, scheitern ließ. Im Gegensatz dazu waren militärische Meldungen oft schematisch abgefasst; sie enthielten etliche „Cribs“, die den britischen Codeknackern die Arbeit erleichterten.

Die Hochgeschwindigkeitsvariante der Turing-„Bombe“ wurde von der US Navy speziell gegen die „Enigma M4“ eingesetzt. WikiMedia Commons / NSA (gemeinfrei)

Hinzu kamen Routinemeldungen wie Wetterberichte, die jeden Morgen zur gleichen Zeit und vom selben Ort abgesetzt wurden. Auf deutscher Seite war man sich der Gefahren bewusst, die mit derartigen Standardmeldungen verbunden waren. So verbot die Dienstvorschrift „Allgemeine Schlüsselregeln für die Wehrmacht“ ausdrücklich „Regelmäßigkeiten im Aufbau, gleichlautende Redewendungen und Wiederholungen im Text“ und machte auf Schlüsselfehler durch schlecht ausgebildetes Personal aufmerksam, die der feindlichen Nachrichtenaufklärung die Entzifferung ermöglichen könnten. Es waren aber genau diese Fehler und Nachlässigkeiten auf deutscher Seite, die durch die Codeknacker ausgenutzt wurden. Die Nachrichten von Luftwaffe und Heer konnten mit Beginn des Jahres 1940 entschlüsselt werden.

Prüf-Nr. 4 508

Geheim!

Der Schlüssel M

Verfahren M Allgemein

Oberkommando der Kriegsmarine
Berlin 1940

M. Dv. Nr. 32/1

Anweisung zum Gebrauch der „Enigma“-Maschine: die geheime Marine-Dienstvorschrift 32/1 „Der Schlüssel M“.
WikiMedia Commons / Chrichro (gemeinfrei)

Als deutlich komplexer erwies sich das Verschlüsselungsverfahren der deutschen Kriegsmarine, die die Variante „Enigma M3“ benutzte und sich auch einer komplexeren Spruchschlüsselvereinbarung bediente. Es bedurfte seitens der Briten deshalb der Kaperung des deutschen U-Bootes U 110 und Erbeutung einer intakten M3-Maschine sowie sämtlicher Geheimdokumente im Mai 1941, um hier zu einem Durchbruch zu kommen. Und auch danach gelang es der Kriegsmarine Anfang Februar 1942 durch eine vierte Walze, die die „Enigma M3“ (mit drei Walzen) ablöste, die Briten noch einmal für zehn Monate „blind“ zu machen. Diese zweite „glückliche Phase“ der deutschen U-Boot-Fahrer brachte noch einmal beeindruckende Erfolge, die Mitte Dezember 1942 endeten. Vorangegangen war die Kaperung des deutschen U-Bootes U 559 durch den britischen Zerstörer HMS „Petard“ am 30. Oktober 1942 im Mittelmeer. Die Briten gelangten dabei in den Besitz streng geheimer Schlüsselunterlagen, mit deren Hilfe es die

U 110 unter Kapitänleutnant Fritz-Julius Lemp wurde am 9. Mai 1941 im Nordatlantik aufgebracht. Dabei gelangten die Briten u. a. in den Besitz der Codebücher der Chiffriermaschine „Enigma M3". WikiMedia Commons / Royal Navy (gemeinfrei)

Sprachlich zu unterscheiden ist zwischen dem im Text erläuterten Schlüsselraum als Menge aller möglichen Schlüssel und einem Schlüsselraum wie im Bild, das Soldaten des Geheimen Funkmeldedienstes des OKW beim Ver- und Entschlüsseln von Nachrichten zeigt. Bundesarchiv, Bild 146-2005-0152 (CC BY-SA 3.0)

Kryptoanalytiker in Bletchley Park schafften, auch in die „Enigma M4" einzubrechen.

Zudem traten nun auch die USA auf den Plan, die ab April 1943 im United States Naval Computing Machine Laboratory (NCML) in Dayton, Ohio, mehr als 120 Hochgeschwindigkeitsvarianten der „Turing-Bombe" produzierten. Diese „Desch-Bombes" richteten sich insbesondere gegen die „Enigma M4“. Die Personalstärke auf US-Seite wuchs schnell auf mehr als 10.000 Mitarbeiter an, die täglich Tausende von Funksprüchen entzifferten.

Für die deutsche U-Boot-Waffe hatte das verheerende Folgen. Innerhalb weniger Monate wurden 1943 zum Beispiel elf der 18 deutschen Versorgungs-U-Boote versenkt. Das bedeutete für die deutschen Atlantik-U-Boote, dass sie nicht mehr auf See versorgt werden konnten und deshalb eine überaus gefahrvolle Rückreise durch die Biskaya zu den U-Boot-Stützpunkten an der französischen Westküste antreten mussten.

Diese für die deutsche Seite dramatischen Entwicklungen führen zu der Frage, warum der Einbruch in das Schlüsselsystem der „Enigma“ bis Kriegsende nicht erkannt oder für möglich gehalten wurde. Heinz Bonatz beispielsweise, im Krieg Chef des B Diens tes (Beobachtung) der deutschen Kriegsmarine, äußerte sich bei Bekanntwerden der Kompromittierung der „Enigma“ im Jahre 1974[239] wie folgt:

> Solange ich die Funkaufklärung der Kriegsmarine leitete, d. h. bis Januar 1944, war ich der festen Überzeugung, daß der Schlüssel M – so hieß der Marine-Typ der Enigma – nur dann mitlesbar war, wenn dem Gegner Schlüsselunterlagen in die Hände gefallen waren – und dann nur für den betreffenden Bereich und für die Gültigkeitsdauer der erbeuteten Unterlagen, also nur vorübergehend. [...] Außerdem meine ich: Wenn es den Alliierten gelungen wäre, unsern Schlüssel M nicht bloß mit Hilfe erbeuteter Unterlagen für kurze Zeit mitzulesen, sondern ihn tatsächlich im Prinzip zu lösen, also wenn sie alle unsere Pläne gekannt hätten, die Gliederung und Kräfteverteilung – dann hätte sich das wohl auch im Verhalten der Gegenseite ausgewirkt, und es wäre uns auch in ihrem Funkverkehr erkennbar geworden. Aber in keinem von uns entzifferten Funkspruch wurde erwähnt, daß der Gegner seine Nachrichten durch „Entzifferung“ gewonnen hätte. Vielmehr waren die Angaben immer anders begründet – also nach Sicht, Kontakt, Schätzung, Funkpeilung und so.[240]

239 In diesem Jahr hatte Frederick W. Winterbotham in seinem Buch „The Ultra Secret“ den erfolgreichen Einbruch in die deutschen Verschlüsselungen öffentlich gemacht; allerdings war er nicht der Erste. Zwei vorhergehende Veröffentlichungen hierzu stießen auf eine vergleichsweise geringe Beachtung.

240 Zit. n. Schumacher: Forschung, Rüstung, Krieg, S. 157.

Bonatz steht mit seiner Ansicht, darauf weist unter anderem Christopher Schumacher hin, *pars pro toto* für viele andere auf deutscher Seite, die im und nach dem Krieg der Meinung waren, dass die Briten ihren Einbruch in das Schlüsselsystem groß herausgestellt hätten, wenn dies der Fall gewesen wäre. Schließlich sei die Schlüsselsicherheit der „Enigma" ja immer wieder überprüft worden. Doch diese Untersuchungen basierten nach Schumacher auf einem wichtigen Denkfehler, nämlich dass man auf deutscher Seite einschätzen zu können meinte, was die Briten aus welchen Quellen wussten.[241] Der Befehlshaber der U-Boote, Admiral Dönitz, blieb angesichts der vielen „unerklärlichen Zwischenfälle" auf See gegenüber dieser Versicherung skeptisch. Es war gerade die Zielstrebigkeit des englischen Vorgehens, die Verdacht erregte.

Dabei gab es gute Gründe, an der Sicherheit des Funkschlüssels zu zweifeln, und zwar spätestens, als U 570 am 18. Oktober 1941 unversehrt in die Hände der Briten fiel, wie der Marinenachrichtendienst berichtete. Es musste davon ausgegangen werden, dass damit auch alle Unterlagen in die Hände des Feindes gelangt waren. Der Text des Berichts, der von Konteradmiral Maertens, dem Chef des Marinenachrichtendienstes, gezeichnet war, weist zwar auch auf die Gefahren für die Standfestigkeit des Marineschlüssels „M" hin, kommt aber dann doch zu dem bemerkenswerten Ergebnis, dass der Schlüssel sicher sei, und zwar aus folgenden Gründen:

- Einen Tag vor der Kaperung gab der Funker von U 570 offene Funksprüche ab.
- Es dauerte danach noch einen vollen Tag, bis die Engländer U 570 aufbrachten.
- Die englische „Times" habe berichtet, dass vor der Kaperung durch die Briten noch einige Ausrüstungsgegenstände über Bord geworfen wurden. Es war also offenbar noch genug Zeit gewesen, um auch die Schlüsselunterlagen zu vernichten.[242]

Wie Schumacher völlig zutreffend ausführt, handelt es sich hier mit Blick auf das Agieren der Briten im Wesentlichen um reine Speku-

241 Ebd., S. 159.
242 Ebd., S. 162.

lationen. Das gilt ganz besonders für den „Times“-Artikel. Offenbar verschwendete man auf deutscher Seite keine Minute auf die Erörterung der Frage, ob die Briten überhaupt ein Interesse daran haben konnten, dass den Deutschen der Einbruch in den Funkschlüssel bekannt wurde. Die Reaktion auf deutscher Seite wäre dann mit einer Änderung des Schlüssels umgehend erfolgt.

Auch die Enttarnung und Verhaftung des oben bereits angesprochenen Agenten Hans-Thilo Schmidt Anfang April 1943 in Berlin führte mit Blick auf das Schlüsselgerät „Enigma“ auf deutscher Seite nicht dazu, die Sicherheit der Verschlüsselung infrage zu stellen. Spätestens zu diesem Zeitpunkt konnten die Verantwortlichen nicht mehr ausschließen, dass es zu einer Weitergabe geheimer Unterlagen und damit zu einer möglichen Kompromittierung des Schlüssels gekommen sein könnte.[243]

Schmidt, der einen aufwendigen Lebensstil pflegte, hatte sich aus finanziellen Gründen bereits Anfang 1931 zur Kontaktaufnahme mit dem französischen Geheimdienst entschlossen. Der Leiter dieser Stelle, die den Decknamen „Bolek“ trug, war der französische Hauptmann und spätere General Gustave Bertrand. Dieser war zunächst misstrauisch und befürchtete, dass es sich bei Schmidt um einen Doppelagenten handeln könnte. Dennoch ließ er den Kontakt zu Schmidt nicht abreißen, wobei dafür hauptsächlich einer seiner Mitarbeiter, der französische Agent Rodolphe Lemoine mit dem Decknamen „Rex“, zuständig war. „Rex“ diente auch als Dolmetscher zwischen Schmidt und Bertrand, da Schmidt kein Französisch sprach.

Schmidt sollte sich von da an regelmäßig mit französischen Geheimdienstlern treffen; er stellte ihnen ein „Enigma“-Handbuch, Bedienungsanleitungen und Schlüssellisten zur Verfügung. Doch selbst mit diesen Informationen waren die französischen Kryptologen nicht in der Lage, die „Enigma“-Nachrichten zu entschlüsseln. Und auch die britischen Kryptologen, die von ihren französischen Kollegen informiert wurden, konnten den Funkschlüssel nicht knacken.

1932 leiteten die Franzosen die von Schmidt erhaltenen Informationen an die polnischen Codeknacker um Marian Rejewski

---

243 Ebd., S. 168.

weiter. Die von Schmidt zur Verfügung gestellten Schlüssel halfen den Polen erheblich; sie konnten den „Enigma"-Nachrichtenverkehr fast sieben Jahre lang mitlesen. Schmidt hat damit Einfluss auf den Kriegsverlauf genommen. Es ist fraglich, ob ohne das Material, das Schmidt dem französischen Geheimdienst lancierte, überhaupt ein Einbruch in den deutschen Funkschlüssel gelungen wäre.

Schmidt wurde am 23. März 1943 von Rodolphe Lemoine an die Gestapo verraten und am 1. April 1943 in Berlin verhaftet. Er starb durch Selbstmord am 19. September 1943 in der Haft.

Zu diesem Zeitpunkt waren die U-Boote nicht mehr als „eiserne Särge"; jede Feindfahrt wurde zum Himmelfahrtskommando. Resümierend bilanzierte Lothar-Günther Buchheim, der selbst als Kriegsberichterstatter an Bord von U 96 an Feindfahrten teilgenommen hatte:

> Die U-Boote wurden „Eiserne Särge" genannt. Was man damals als „Blutzoll" bezeichnete, die Verlustquote also, war bei den U-Boot-Männern so hoch wie bei keiner anderen Waffe. Von den 40.000 U-Boot-Männern sind 30.000 im Atlantik geblieben. Viele von ihnen waren noch nicht einmal Männer – in Wirklichkeit waren es halbe Kinder: Der gesamte U-Boot-Orlog war ein riesiger Kinderkreuzzug. Wir hatten 16jährige an Bord, gegen Kriegsende gab es 19jährige Leitende Ingenieure und 20jährige Kommandanten, in einer Art Schnellbrütverfahren frontreif gemacht, um auf eine der fürchterlichsten Weisen vom Leben zum Tode befördert zu werden. Ich habe mich immer dagegen gewehrt, dass es in Todesnachrichten von U-Boot-Fahrern hieß, sie seien gefallen. Sie sind abgesoffen, ersäuft wie überzählige Katzen im Sack.[244]

Bis heute kontrovers diskutiert wird die Frage, inwieweit der Kompromittierung der „Enigma" eine kriegsentscheidende Bedeutung zukam. Aufgrund der Vielzahl an Nachrichten, die auf britischer Seite aufgefangen wurden, war es eine nicht zu bewältigende Aufgabe, alle diese Nachrichten auch auszuwerten. Das betraf auch die Identifizierung der wichtigsten Meldungen. Bemerkenswert bleibt, dass „Ultra" weder bei dem Luftlandefiasko „Market Garden" noch bei der Aufklärung der Aktivitäten für die Ardennenoffensive wesentliche Erkenntnisse lieferte. Deshalb müssen mit Blick

---

244 Lothar-Günther Buchheim: „Die Wahrheit blieb auf Tauchstation"; in: GEO 10/1981, S. 130–146.

auf die angeblich kriegsentscheidende Bedeutung der Codeknacker wohl einige Abstriche gemacht werden.

Aus deutscher Sicht stellt sich hingegen die Frage, ob es Alternativen zur „Enigma“ gegeben hätte. Hier zeigt sich, dass es diese Alternativen sehr wohl gab, sie aber durch das Festhalten an „Enigma“ nicht konsequent verfolgt wurden.

Schlüsselgerät 41: Eine echte „Wunderwaffe“, die zu spät kam

Das fatale Vertrauen in die „Enigma“ auf deutscher Seite hatte zur Folge, dass die Einführung einer vielversprechenden Alternative, nämlich der Chiffriermaschine 41, erst in den letzten Kriegsmonaten, und auch da nur in geringer Stückzahl, erfolgte. Diese Maschine, so urteilte Johann Althaus in der „Welt“, „hatte das Zeug zu einer echten ‚Wunderwaffe‘“[245] gehabt.

Das Schlüsselgerät 41 (SG-41) wurde im Auftrag des HWA von dem deutschen Regierungs-Oberinspektor Fritz Menzer entwickelt und von 1941 bis 1944 von den Wanderer-Werken in Chemnitz für die deutsche Abwehr hergestellt. Anders als die Schlüsselmaschine „Enigma“ arbeitete das SG-41 nicht mit Buchstabenlampen, sondern mit zwei Papierstreifen. Ein Streifen druckte die eingegebene Buchstabenfolge aus, der andere das Ergebnis des Ver- oder Entschlüsselungsvorganges. Aufgrund einer angebrachten Kurbel wurde das Gerät auch „Hitlermühle“ genannt.

Mit einem Gewicht von rund 13,5 kg wog das Gerät aufgrund des Mangels an Leichtmetallen mehr als ursprünglich geplant; es war damit zu schwer für den Feldeinsatz. Entsprechend entschied der Chef der Amtsgruppe Wehrmachtnachrichtenverbindungen im OKW, Generalmajor Thiele, das SG-41 nicht für den Fronteinsatz freizugeben. Ab Mitte Oktober 1944 wurde das Gerät an die Abwehr ausgeliefert, die es in den letzten Kriegsmonaten einsetzte.

245 Johann Althaus: „Der Enigma-Nachfolger hätte eine echte Wunderwaffe sein können“, welt.de vom 31. Januar 2019; online unter: welt.de/geschichte/zweiter-weltkrieg/article188019229/Wunderwaffen-Warum-der-Enigma-Nachfolger-scheiterte.html (letzter Zugriff: 11. Januar 2021).

Das Schlüsselgerät 41 („Hitlermühle“) der deutschen Wehrmacht hatte laut „Die Welt“ das Potenzial zu einer echten „Wunderwaffe“.

WikiMedia Commons / Bunkerfunker (CC BY-SA 3.0)

C-543
5 6 7 8 9 0
T Z U I O P
F G H J K L
V B N M

Das SG-41 war an den C-Maschinen des schwedischen Kryptografen Boris Hagelin orientiert, die dieser für die französische Armee konstruiert hatte; so verwendete es ebenfalls ein Hagelin-typisches Stangenrad. Die mechanische Fortschaltung der Schlüsselräder vollzog sich höchst unregelmäßig; zeitweise konnten sie sich sogar rückwärts drehen.

Für die Verschlüsselung waren sechs Walzen verbaut, wobei die linken vier Buchstaben und die rechten zwei Zahlen aufwiesen. Die Walzen wurden, auch das bemerkenswert, nicht durch einen elektrischen Motor angetrieben, sondern durch eine Handkurbel an der rechten Seite.

Die britischen Codeknacker in Bletchley Park scheiterten bei dem Versuch, die genaue Funktionsweise des deutschen Geräts aufzuhellen. Alle Versuche, eine Entzifferungsmethode gegen das Schlüsselgerät zu entwickeln, scheiterten. Die Alliierten nannten es deshalb respektvoll „remarkable machine“[246] („bemerkenswerte Maschine“). „Hätte die Wehrmacht die Chiffriermaschine drei Jahre früher gehabt“, so urteilte Althaus, „wäre der Zweite Weltkrieg vielleicht anders verlaufen.“

Der deutsche Informatiker Klaus Schmeh hat in seinem Buch „Die Welt der geheimen Zeichen“[247] darauf aufmerksam gemacht, dass das SG-41 nicht die einzige Verschlüsselungsmaschine war, die die im Zweiten Weltkrieg gängigen Apparate „Enigma“, die „Lorenz-Maschine“ – welche die Codeknacker in Bletchley Park ebenfalls entschlüsseln konnten – sowie den Geheimschreiber T52, bei dem die Entschlüsselung nur teilweise gelang, ersetzen sollte.

Schmeh weist darauf hin, dass die gegen Kriegsende vermehrten Versuche, die „Enigma“ zu ersetzen, darauf hindeuten, dass die deutschen Kryptografen nicht mehr sicher waren, ob die „Enigma“ nicht doch kompromittiert worden war. Die verbreitete Ansicht, auf deutscher Seite sei eher nachlässig mit den Sicherheitslücken der „Enigma“ umgegangen worden, müsste demnach neu bewertet werden. Das allerdings ist ein schwieriges Unterfangen, sind doch viele Unterlagen über die geheimen Maschinenentwicklungen gegen Kriegsende vernichtet worden; Beteiligte sind mitt-

246 Mavis Batey: Dilly. The Man Who Broke Enigmas, London 2009, S. 212.
247 Klaus Schmeh: Die Welt der geheimen Zeichen. Die faszinierende Geschichte der Verschlüsselung, Hamburg 2010.

Rückansicht eines Nachbaus der Bletchley-Park-„Bombe“.

lerweile verstorben. Möglicherweise werden sich deshalb viele Details im Zusammenhang mit diesen Maschinen nicht mehr klären lassen, sollten sich nicht Unterlagen in russischen oder US-amerikanischen Archiven finden, deren Freigabe weiterhin aussteht.

Kaum bekannt ist zum Beispiel die Verschlüsselungsmaschine T43 von Siemens & Halske, die offenbar als Nachfolger des Geheimschreibers T52 im Gespräch war, mit dem wie beim T52 Fernschreiben verschlüsselt werden sollten. Das Gerät kam auf höchster Ebene noch in den Einsatz, allerdings nur in geringer Stückzahl. Die Maschine basierte auf dem Verfahren der Einmalverschlüsselung; die hierfür unabdingbaren Zufallszahlen wurden in Form gelochter Streifen generiert, die dem Gerät zugeführt wurden. Dieses Verfahren gilt als sicher gegen Dechiffrierversuche, sofern es richtig bedient wird.

Schmeh berichtet, dass die TICOM-Kommission[248] nach dem Krieg sechs Exemplare dieser damals hochmodernen Maschine

248 TICOM steht für Target Intelligence Committee; es handelte sich hier um eine geheime alliierte Gruppe, deren Ziel die Aufklärung der kryptologischen Aktivitäten auf deutscher Seite war.

Verschlüsselungsmaschine Siemens & Halske T52d („Dora"), ausgestellt im Imperial War Museum in London. WikiMedia Commons / Matt Crypto (gemeinfrei)

samt deutschen Spezialisten in die USA bringen ließ. Auch nach Bletchley Park sollen Maschinen dieses Typs gebracht worden sein. Briten und US-Amerikaner halten bis heute Stillschweigen über dieses Gerät. Erhalten geblieben sind nur einige Bilder, die von dem langjährigen Siemens-Mitarbeiter Wolfgang Mache stammen[249]. Bis heute umgibt die T43 aufgrund ihres „Verschwindens" laut Schmeh die Aura eines „Mysteriums".[250]

249 Klaus Schmeh: Codeknacker gegen Codemacher, 2. Aufl., Witten 2008, S. 222.
250 Ebd.

Spekulationen um das Schlüsselgerät 39 und den Hell-Geheimschreiber

Mindestens ebenso mysteriös ist die Geschichte der Prototypen von Verschlüsselungsmaschinen, die auf deutscher Seite gegen Kriegsende in Arbeit waren. Klaus Schmeh nennt hier zum Beispiel das Schlüsselgerät 39 (SG-39); hierzu gibt es so gut wie keine Informationen. Einzig der Experte und Sammler Klaus Kopacz konnte bisher Substanzielles zu dieser Maschine zusammentragen. SG-39 verweist auf das Jahr 1939, in dem dieses Gerät Gestalt annahm. Es handelte sich auch hier um eine Rotor-Schlüsselmaschine; die Fortschaltung erfolgte auf unregelmäßige Weise. Ziel war offensichtlich, mit diesem Gerät die „Enigma“ abzulösen, wozu es allerdings nicht gekommen ist.

Ähnlich spärlich sind die Informationen über den Hell-Geheimschreiber, hergestellt von der Firma Hell, die später im Siemens-Konzern aufging. Hier sind nähere Informationen Wolfgang Mache zu verdanken, einem Experten für Verschlüsselungsmaschinen aus dem Hause Siemens. Er befragte den Unternehmensgründer Rudolf Hell. 1944, so das Ergebnis der Recherchen Maches, kamen offenbar sechs Exemplare dieses Geheimschreibers im Mittelmeer auf Schiffen und U-Booten zum Einsatz. Da bis heute keine einzige Gerätebeschreibung ausfindig zu machen war und sich auch der 2002 verstorbene Rudolf Hell an Einzelheiten nicht mehr erinnern konnte, müssen Mutmaßungen über die Funktionsweise dieses Geräts Spekulation bleiben.

Klaus Schmeh verweist, was mögliche Arbeiten an weiteren Verschlüsselungsmaschinen angeht, auf den Toplitzsee, wo es eine Marineversuchsanstalt gab und zahlreiche Forschungsprojekte durchgeführt wurden. Gegen Kriegsende wurden hier auch Unterlagen dieser Projekte versenkt. Das hat zahlreiche Historiker und Schatzsucher auf den Plan gerufen, die zwar manches hoben, wie Sprengstoff, Waffen, englische Pfundnoten oder technisches Gerät; das erhoffte „Nazigold“ indes war bisher nicht dabei. Gefunden wurden auch einige „Enigma“ sowie der Rotor einer Heeres- und Luftwaffen-„Enigma“, der eine Besonderheit aufweist; er trägt als Aufdruck den Buchstaben „S“. Für welchen Zweck diese Walze dienen sollte, konnte bis jetzt nicht aufgehellt werden.

Kapitel VII

Konrad Zuses erster Computer: Eine bahnbrechende Erfindung bleibt ungenutzt

In der zweiten Hälfte der 1930er-Jahre wurden die theoretischen und praktischen Grundlagen für eine Entwicklung gelegt, an deren Ende das stehen sollte, was wir heute Computer nennen. Maßgeblich vorangetrieben wurde diese revolutionäre Technik im angloamerikanischen Bereich und von deutscher Seite.

Hier ist zum einen der US-Mathematiker und Computer-Wissenschaftler Claude Elwood Shannon, auch als Vater des „Bit" bezeichnet, zu nennen, der in dieser Zeit entscheidende Vorarbeiten für die moderne Kommunikationstechnologie leistete. Hierbei spielte seine Annahme, dass sich Informationen in eine einfache Sprache aus den Symbolen 1 und 0 fassen lassen, eine entscheidende Rolle.

Im November 1936 erschien Alan Turings Arbeit „On Computable Numbers, With An Application to the Entscheidungsproblem"[251], in der der britische Mathematiker bahnbrechende Aus-

251 Online unter: plms.oxfordjournals.org/content/s2-42/1/230.full.pdf (letzter Zugriff: 10. Januar 2021).

Der britische Mathematiker und Kryptoanalyst Alan Turing (1912–1954). WikiMedia Commons (gemeinfrei)

führungen zu „computing machines“ macht, die in der Folge als „Turing-Maschinen“ bezeichnet wurden.

Im November 1937 entwickelte der Ingenieur George Stibitz, damals Mitarbeiter der Bell Laboratories (auch Bell Labs), der ehemaligen Forschungsabteilung der Telefongesellschaft AT&T, eine relaisbasierte Rechenmaschine, die er als „K-Modell“ bezeichnete. Die Maschine war in der Lage, binäre Zahlen zu addieren. Die Bell Labs finanzierten daraufhin im Spätsommer 1938 ein Forschungsprogramm unter Stibitz’ Leitung, aus dem Anfang 1940 der fertiggestellte „Complex Number Calculator“ hervorging, der Berechnungen mit komplexen Zahlen durchführen konnte. Bei einer Präsentation für die American Mathematical Society am Dartmouth College in Hanover, New Hampshire, Mitte September 1940 verwendete Stibitz einen Fernschreiber, um Befehle für den „Complex Number Calculator“ in New York City über Telefonleitungen zu senden. Diese Maschine war damit der erste Computer, der über eine Telefonleitung ferngesteuert wurde.

Im Deutschen Reich waren die ersten Schritte in Richtung Computerentwicklung zunächst auf eine Person beschränkt, nämlich auf den Ingenieur und Erfinder Konrad Zuse. Von seinen „Konkurrenten“ in den USA und England wusste er nichts, und auch nichts von dem bereits erreichten Kenntnisstand. Sein Impuls war sein zunehmender Widerwille, langwierige Rechenarbeiten manuell ausführen zu müssen. Das brachte ihn schließlich auf die Idee einer programmgesteuerten Rechenmaschine, die selbstständig Rechenarbeiten ausführen konnte.

Um diese Idee Realität werden zu lassen, kündigte Zuse Ende Mai 1936 sogar seine Stellung bei den Henschel-Flugzeugwerken, um sich fortan im elterlichen Wohnzimmer der Entwicklung des Computers widmen zu können. Zunächst konstruierte er eine Rechenmaschine mit der Bezeichnung Z1 (ursprünglich von ihm als V1 bezeichnet[252]). Dabei traf er von vornherein die Grundentscheidung, auf dem binären Zahlensystem aufzubauen. Hierzu verfasste er 1937 ein Manuskript mit dem Titel „Einführung in die allgemeine Dyadik", in dem er ähnlich wie Turing und Shannon argumentierte. Mit Blick auf seine Rechenmaschine hatte er klare Vorstellungen: Ein Lesegerät für Lochstreifen sollte das Programm einlesen. Überdies plante er eine zentrale Recheneinheit im binären Zahlensystem mit Gleitkommarechnung. Die Zwischenergebnisse sollten in einem adressierbaren Speicher abgelegt werden.

Entscheidende Unterstützung erhielt Zuse durch einen Freund: Helmut Schreyer, Student der Fernmeldetechnik. Er schlug Zuse

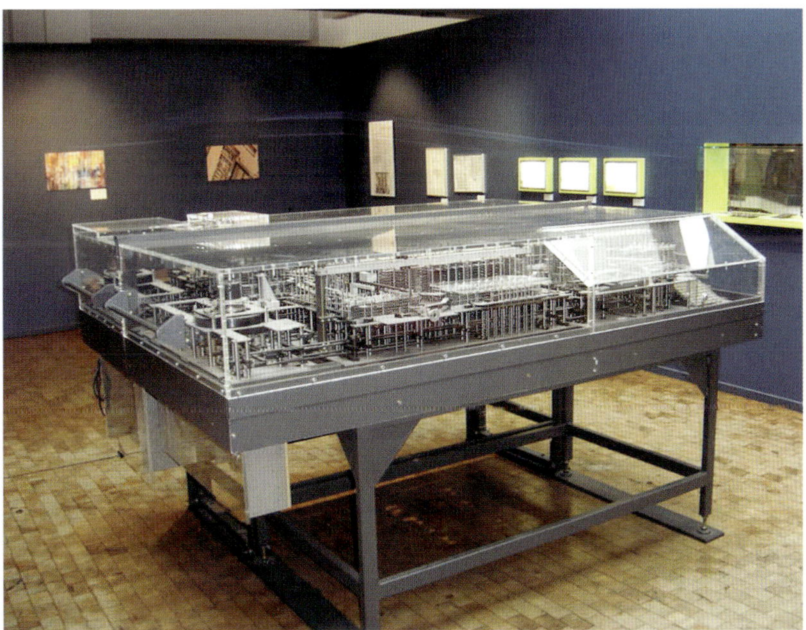

Nachbau der Zuse Z1 im Deutschen Technikmuseum Berlin; das Original wurde samt Plänen im Bombenkrieg zerstört. In den Jahren 1987 bis 1989 hat der damals fast 80-jährige Konrad Zuse seine Z1 aus der Erinnerung nachgebaut.

252 Schumacher: Forschung, Rüstung, Krieg, S. 127.

Die Zuse Z1 im Jahr 1938 im Wohnzimmer der Eltern von Konrad Zuse in Berlin-Kreuzberg. Deutsches Technikmuseum Berlin

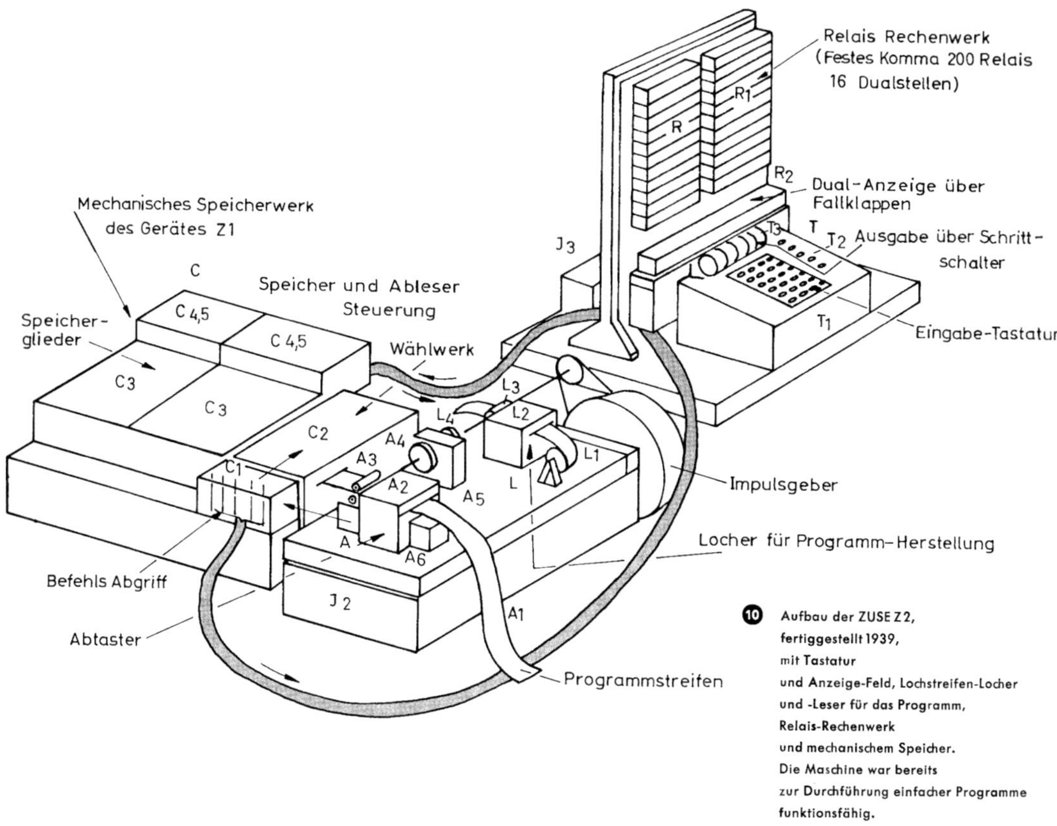

10 Aufbau der ZUSE Z2, fertiggestellt 1939, mit Tastatur und Anzeige-Feld, Lochstreifen-Locher und -Leser für das Programm, Relais-Rechenwerk und mechanischem Speicher. Die Maschine war bereits zur Durchführung einfacher Programme funktionsfähig.

Die Zuse Z2 diente als Versuchsmodell zur Verwendung von Relaisschaltungen. Die Z2 wurde 1939 fertiggestellt, mit Tastatur, Lochstreifenlocher und -leser für das Programm. Deutsches Technikmuseum Berlin

unter anderem vor, die Schaltelemente durch elektromagnetische Relais und Glimmlampen, später durch Röhren zu ersetzen. Jürgen Alex, ein Schüler von Zuse, bezeichnete diese Idee als „eine der folgenschwersten und wichtigsten Ideen der gesamten Computerentwicklung“.[253]

Dennoch wies die Z1 noch Mängel auf und war deshalb nicht funktionsfähig. Der mechanische Speicher funktionierte wunschgemäß, allerdings scheiterte Zuse an dem Versuch, ein mechanisches Rechenwerk zu konstruieren. Nichtsdestoweniger gelang es

253 Jürgen Alex: „Wege und Irrwege des Konrad Zuse“; in: Spektrum der Wissenschaft vom 1. Januar 1997, S. 78–90.

Zuse bei seinen Experimenten, die Grundlagen der Schaltungsmechanik zu entwickeln, was laut Alex nicht weniger „als die Umsetzung der mathematischen Logik in funktionsfähige Rechen- und Speichereinheiten" bedeutete.[254]

Die Z2, das nächste Modell, zeichnete sich durch ein Rechenwerk in Relaistechnik aus; die mechanische Schaltgliedtechnik wurde beibehalten. Alex klassifiziert die Maschine als sehr unzuverlässig. Nur einmal, und das war entscheidend, arbeitete sie ohne Tadel, nämlich bei ihrer Präsentation für die Deutsche Versuchsanstalt in Berlin-Adlershof. Zuse konnte sich von nun an immerhin eines bescheidenen finanziellen Zuschusses erfreuen.

Bei Kriegsausbruch musste Zuse seine Arbeit unterbrechen; auch die Interventionen eines Fabrikanten für Spezialrechenmaschinen konnten Zuse nicht vom Wehrdienst befreien. Er nutzte aber die Zeit und arbeitete an seiner Programmiersprache, einem Aussagenkalkül für duale Rechenautomaten, für dessen Entwicklung er Ideen von Leibniz, Babbage[255] und Boole[256] rezipierte. Herbert Wegner, Leiter einer Sonderabteilung bei den Henschel-Flugzeugwerken, gelang es schließlich, Zuse vom Militärdienst zu befreien und ihn für seine Tätigkeit bei Henschel „unabkömmlich" (uk) stellen zu lassen. Immerhin konnte Zuse nun abends und am Wochenende die Arbeiten an seiner Z2 voranzutreiben.

1941 schließlich gelang es Zuse – wohlgemerkt immer noch im elterlichen Wohnzimmer in Berlin-Kreuzberg –, mit der Z3 den ersten funktionsfähigen, programmierbaren Digitalcomputer der Welt zu vollenden, der am 12. Mai in Betrieb ging. Er hatte zu diesem Zeitpunkt die (ihm unbekannte) Konkurrenz in England und den USA weit hinter sich gelassen, die gleichwohl über ungleich bessere finanzielle Möglichkeiten verfügte. Erst 1944 wurden in den USA funktionsfähige Computer gebaut. Zuse wird deshalb zu Recht als Erfinder des digitalen Computers angesehen.

254 Ebd.

255 Charles Babbage (1791–1871), englischer Mathematiker, Philosoph und Erfinder. Die von ihm entworfene mechanische Rechenmaschine „Analytical Engine" gilt als Vorläufer des modernen Computers.

256 George Boole (1815–1864), englischer Mathematiker, Logiker und Philosoph. Die für die Computertechnik grundlegende boolesche Algebra wurde nach ihm benannt.

Nachbau der Zuse Z3 im Deutschen Museum in München.

Frontansicht der Zuse Z3. Deutsches Museum München

Die Z3 wurde 2010 von Horst Zuse, dem Sohn Konrad Zuses, anlässlich des 100. Geburtstages seines Vaters in Originalgröße nachgebaut. In der Mitte das Rechenwerk, links und rechts die Speicherwerke, vorn die Ein- und Ausgabe.

Deutsches Museum München

Nachbau der Z3 durch Konrad Zuse von 1961, der aus einem Speicherwerk (links hinten), dem Rechenwerk (rechts), der Ein- und Ausgabeeinheit und dem Lochstreifenleser besteht. Das Original bestand aus zwei Speichern.

Konrad-Zuse-Museum Hünfeld

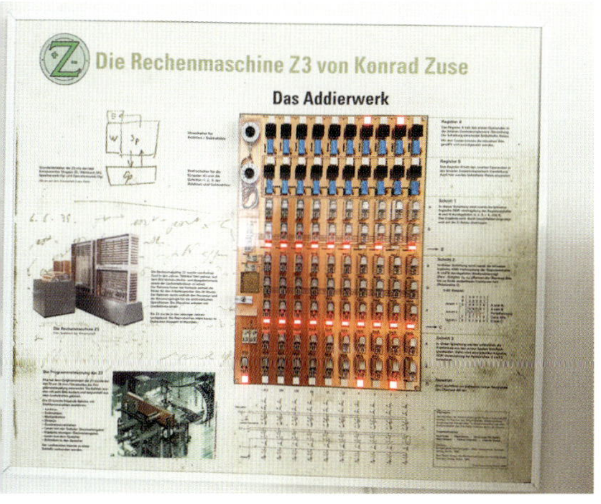

Das Addierwerk der Rechenmaschine Zuse Z3.

Deutsches Museum München

Darstellung des Rechners Zuse Z3.

Deutsches Museum München

Die Z3 war der erste funktionsfähige Digitalrechner weltweit und wurde 1941 von Konrad Zuse in Zusammenarbeit mit Helmut Schreyer in Berlin gebaut. Sie wurde in elektromagnetischer Relaistechnik mit 600 Relais für das Rechenwerk und 1600 Relais für das Speicherwerk ausgeführt.

Die Z3 verwendete wie die Z1 die von Konrad Zuse in die Rechnertechnik eingeführte binäre Gleitkommaarithmetik und war der erste universell programmierbare Rechner. Am 21. Dezember 1943 wurde die Z3 bei einem alliierten Bombenangriff zerstört. Ein funktionsfähiger Nachbau, der 1962 von der Zuse KG zu Ausstellungszwecken angefertigt wurde, kann im Deutschen Museum in München besichtigt werden. Am ehemaligen Standort in der Methfesselstraße im Berliner Stadtteil Kreuzberg erinnert eine Gedenktafel an Zuses frühere Wirkungsstätte.[257]

Zuse konnte dennoch eine erneute Einberufung zur Ostfront nicht verhindern, wurde allerdings nach kurzer Zeit wieder „uk" gestellt. Er arbeitete bereits an der Z4, einer verbesserten Version der Z3, als er einen Auftrag der Firma Henschel erhielt. Für Henschel baute er die Spezialrechner S1 und S2, die in den Henschel-Werken für die Berechnung der Flügelstellungen der zu-

Die Zuse Z4 im Deutschen Museum in München
WikiMedia Commons / Clemens PFEIFFER (CC BY 2.5)

Modell der Zuse Z4, entwickelt 1942–1945. Konrad-Zuse-Museum Hünfeld:

257 Vgl. Bernhard Richter u. Katharina Juschkat: „Technik kurz erklärt: Die Entwicklung der Zuse Z3"; online unter: konstruktionspraxis.vogel.de/die-entwicklung-der-zuse-z3-a-737292/ (letzter Zugriff: 8. Januar 2022).

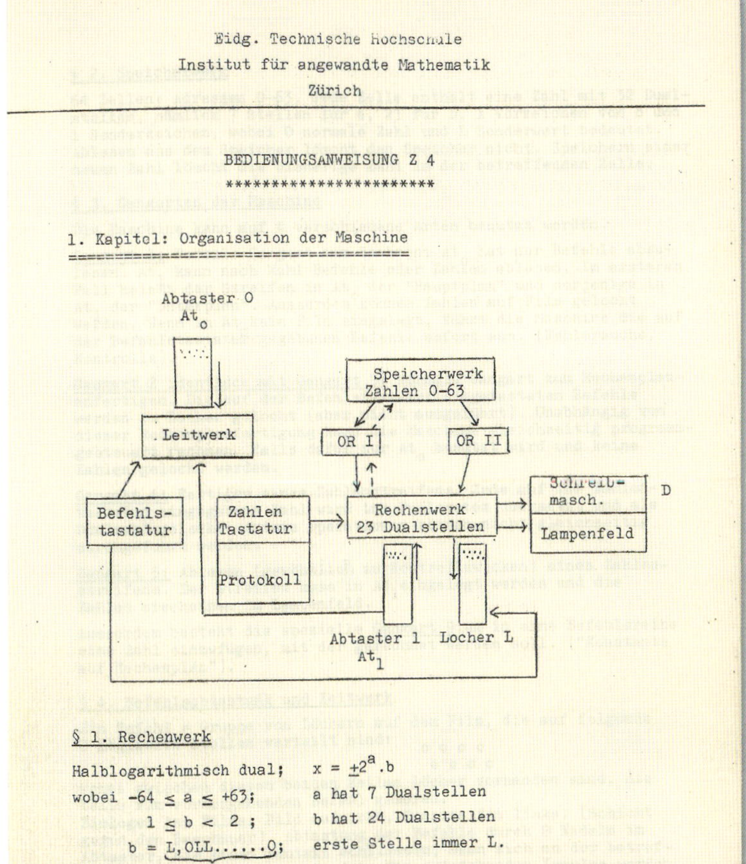

Eidg. Technische Hochschule
Institut für angewandte Mathematik
Zürich

BEDIENUNGSANWEISUNG Z 4
****

1. Kapitel: Organisation der Maschine

§ 1. Rechenwerk

Halblogarithmisch dual; $x = \pm 2^a . b$
wobei $-64 \leq a \leq +63$; a hat 7 Dualstellen
$1 \leq b < 2$; b hat 24 Dualstellen
$b = \underbrace{L,OLL......0}_{24}$; erste Stelle immer L.
(Daher im Speicher nur 23 Stellen nötig)

Vorzeichen = 1 weitere Dualstelle (+ = L, - = 0). Zahlen wie 0, ∞, ? besitzen keine halblogarithmische Darstellung mit $|b| \geq 1$. Deshalb als Sonderwerte betrachtet. 2 Operandenregister OR I und OR II: dienen zur Bereitstellung der Operanden, bevor die Operation beginnt.

Bedienungsanleitung für die Z4, verfasst am Institut für angewandte Mathematik der ETH Zürich im Sommersemester 1952.

e-manuscripta.ch (gemeinfrei)

Modell der Zuse Z5 aus dem Jahr 1953.

Konrad-Zuse-Museum Hünfeld

Denkmal für Konrad Zuse im Hünfelder Stadtpark.

WikiMedia Commons / Marrci (gemeinfrei)

kunftsweisenden gelenkten Bomben Hs 293 und Hs 294 benutzt wurden.[258]

Die Zuse Z4 gilt als der älteste erhaltene digitale Computer der Welt, über den bisher eher wenig bekannt war[259]. Ende Oktober 2020 nun berichtete unter anderem die Zeitschrift „Chip", dass das Handbuch für die Z4 entdeckt worden sei. Forscher an einer Zürcher Universität hatten die lange verschollen geglaubte Bedienungsanleitung entdeckt. Auch die kurz vor Kriegsende gebaute Zuse Z4 befindet sich heute im Deutschen Museum in München.

Kurz vor dem sowjetischen Einmarsch sollte die Maschine in die unterirdische Rüstungsfabrik Mittelwerk in einer Stollenanlage im Kohnstein gebracht werden, wo Raketen gebaut wurden. Zuse kam diesem Befehl allerdings nicht nach und setzte sich mit der Z4 in eine kleine Ortschaft im Allgäu ab.[260]

Nach dem Weltkrieg wurde Zuse als führende Kraft in der Entwicklung digitaler Computer bekannt, mit der Z4, die sehr nachgefragt war, als seiner Vorzeigemaschine. Schließlich gelangte der Rechner an die ETH Zürich, wo er von Ingenieuren zu Berechnungen in der Luftfahrtforschung genutzt wurde; dorthin also, wo die verschollenen Dokumente entdeckt wurden.

„Chip" zufolge wurde die Z4 in den Jahren 1950–1955 für rund 100 verschiedene Arbeiten genutzt, unter anderem zur Berechnung von Flugbahnen von Raketen, Flugzeugflügeln und von Sturzflügen. In ihrer Zeit sei die Z4 „eine äußerst leistungsstarke Maschine" gewesen; pro Stunde konnten etwa 100 mathematische Operationen durchgeführt werden.[261]

---

258 Vgl. im Buch S. 101–104 u. 215.

259 Vgl. Sebastian Feurer: „Einer der ältesten Computer der Welt. Fehlendes Handbuch für Zuse Z4 aufgetaucht", chip.de vom 22. Oktober 2020; online unter: chip.de/news/Einer-der-aeltesten-Computer-der-Welt-Fehlendes-Handbuch-fuer-Zuse-Z4-aufgetaucht_183062927.html (letzter Zugriff: 10. Januar 2021).

260 Ebd.

261 Ebd.

Kapitel VIII

Eine gigantische Vision, die keine Kriegswende gebracht hätte: Strahlflugzeuge

Der Aufbau der deutschen Luftwaffe und die Entwicklung der deutschen Luftfahrtindustrie ab 1933 waren zweifelsohne herausragende militärökonomische Leistungen; es handelt sich hier um eine gigantische Vision, die, rein quantitativ gesehen, Realität geworden ist. Das zeigt sich schon an den folgenden Zahlen: Arbeiteten in den deutschen Flugzeugwerken Anfang 1933 nur etwa 4000 Beschäftigte, waren es 1938 bereits knapp 205.000.[262] 1932 wurden einige Dutzend Flugzeuge[263] produziert, 1944 waren es mehr als 40.000, darunter auch Strahlflugzeuge.

Im politischen und militärischen Kalkül Hitlers spielten die vermeintliche Stärke der deutschen Luftwaffe und die (Fehl-)Einschätzung der Möglichkeiten der gegnerischen Luftstreitkräfte wichtige Rollen im Hinblick auf seine militärischen Entscheidungen. Bei diesen Entscheidungen kam dem Oberbefehlshaber der deutschen Luftwaffe, Hermann Göring, als Kommunikationsfilter eine verhängnisvolle Rolle zu. Göring ging es in der Regel nicht darum, Hitler mit einer realistischen Darstellung über den Stand der deutschen Luftrüstung zu versorgen. Sein Interesse bestand darin, sich

262 Edward L. Homze: Arming the Luftwaffe, Lincoln 1976, S. 74 f., 184, 222 ff.
263 Ralf Schabel: Illusion der Wunderwaffen, München 1994, S. 103.

selbst in einem möglichst günstigen Licht zu präsentieren. Hitler überschätzte deshalb die Möglichkeiten der Luftwaffe. Als ein Beispiel hierfür wird immer wieder die bereits angesprochene Vorführung in Rechlin am 3. Juli 1939 herangezogen; an diesem Tag wurden „vor Hitler und seinem umfangreichen Minister- und Generalstab in einem vielfältigen Programm neben Flugzeugvorführungen, u. a. auch die flüssigkeitsraketengetriebene He 176 sowie die strahlgetriebene He 178, […] erste Funkmessgeräte sowie das X-Leitstrahlverfahren vorgestellt".[264]

Offenbar gewann Hitler hier den Eindruck, dass die Luftwaffe einen großen technischen Vorsprung gegenüber potenziellen Gegnern errungen habe, der durch die neuen Antriebsmethoden sogar noch ausbaufähig sei. Er wurde allem Anschein nach nicht entschieden genug darauf hingewiesen, dass es sich hier um Prototypen handelte, die bestenfalls erst Jahre später den Frontverbänden zur Verfügung stehen würden.

Auch wenn nicht mit letzter Bestimmtheit nachgewiesen kann, inwieweit diese Vorführung Hitlers Kriegsentschluss bestärkt hat, lässt seine Äußerung gegenüber der Heeresführung Ende September 1939 eine derartige Schlussfolgerung doch naheliegend erscheinen. Hitler erklärte nämlich, dass

> Deutschland heute eine unbestreitbare klare Waffenüberlegenheit [besitzt]. Panzerwaffe und Luftwaffe sind zurzeit nicht nur technisch als Angriffswaffen auf einer von keinem anderen Staate erreichten Höhe, sondern auch in ihrer ergänzenden Abwehr von keinem anderen Staat erreicht. Ihre operative Einsatzmöglichkeit ist dank ihrer Organisation und der nunmehr eingespielten Führung besser gewährleistet als bei irgendeinem anderen Staat.[265]

Drei Jahre später war von der gigantischen Vision eines uneinholbaren technischen Vorsprungs der Luftwaffe indes keine Rede mehr. Nicht nur, dass es keine „Wunderflugzeuge" mit Strahl- oder Raketenantrieb gab; viele neue Flugzeugmuster erwiesen sich „als technische Versager", wie Ralf Schabel schreibt.[266] Seitdem steht

---

264 Siehe: „Flugerprobungen in Rechlin"; online unter: https://www.luftfahrttechnisches-museum-rechlin.de (letzter Zugriff: 2. Mai 2021).

265 Franz Halder: Kriegstagebuch, hg. v. Hans-Adolf Jacobsen, Bd. 1, Stuttgart 1962, S. 87.

266 Schabel: Illusion, S. 17.

die Frage der Schuldzuweisung im Raum. Hier mangelt es nicht an Kandidaten. Einmal ist hier die bereits erwähnte „waffentechnologische Dolchstoßlegende" zu nennen, nach der „geniale Techniker" schon vor dem Krieg die Bedeutung von Strahl- und Raketenantrieb erkannt hätten. Sie seien aber an den „Dilettanten" im Technischen Amt der Luftwaffe gescheitert, die die Bedeutung dieser Entwicklungen angeblich nicht erkannt hätten. Als es dann dem Flugzeugkonstrukteur Willy Messerschmitt gelang, die strahlgetriebene Me 262 zur Serienreife zu bringen, habe Hitler darauf bestanden, das Jagdflugzeug als „Blitzbomber" einzusetzen. Als er seine Meinung änderte, sei es „zu spät" gewesen.

So lautet mit Blick auf die Me 262 in etwa das Narrativ über die „Tragödie der deutschen Luftwaffe" im Zweiten Weltkrieg, um eine einschlägige Arbeit von David Irving zu zitieren. Eine nüchterne Prüfung der Fakten indes kommt zu ganz anderen Ergebnissen.

Bereits Mitte der 1960er-Jahre kam der britische Wirtschaftshistoriker Alan S. Milward zu dem Ergebnis, dass die „Probleme innerhalb der Flugzeugproduktion" „an die letzten Wurzeln des Nationalsozialismus" führten. „Die Flugzeugproduktion kann als einer der großen und schwerwiegenden Misserfolge der deutschen Kriegswirtschaft gelten", urteilte Milward. „Kein anderer Bereich" zeige so klar, „wie wenig angängig es ist, Deutschlands Kriegswirtschaft allein unter ökonomischen Gesichtspunkten zu untersuchen".[267] Diese Feststellung hat, wie die folgenden Ausführungen zeigen werden, nichts von ihrer Gültigkeit verloren.

Göring und Udet verhindern ein effizientes Arbeiten der Luftwaffenführung

Bereits bei der Machtübernahme Hitlers erfolgte mit Blick auf den Aufbau der Luftwaffe eine verhängnisvolle Fehlentscheidung. Da Hitlers naturwissenschaftlich-technisches Auffassungsvermögen limitiert war – was zum Verständnis der Heeresrüstung noch ausreichte, reichte nicht mehr für die hohe technische Komplexität, die mit der Luftwaffenrüstung verbunden war –, übertrug er

267 Alan S. Milward: Die deutsche Kriegswirtschaft 1939–1945, München 1966, S. 121.

Göring die Aufgabe, ein Machtinstrument zu schaffen, das militärisch und politisch von allergrößter Bedeutung werden sollte. Anfang Februar 1933 erfolgte die Ernennung Görings zum Reichskommissar für Luftfahrt (Stellvertreter Erhard Milch) und Anfang Mai 1933 zum Reichsminister für Luftfahrt. Göring, im Ersten Weltkrieg erfolgreicher Jagdflieger, verfügte indes über keine Generalstabsausbildung oder sonstige Kenntnisse, die ihn zur strategischen Führung der Luftwaffe befähigt hätten, wie Schabel feststellte.[268] Nichtsdestoweniger sollte Göring erst kurz vor Ende des Krieges durch Robert Ritter von Greim ersetzt werden. Hitler hielt an dem opiatsüchtigen Göring trotz aller Indizien dafür fest, dass er eine eklatante Fehlbesetzung war.

Eine zentrale Rolle in den ersten Jahren des Aufbaus der Luftwaffe nahm deren erster Generalstabschef (ab März 1935) Walther Wever ein, welcher stark von den Thesen des italienischen Generals Giulio Douhet beeinflusst war, der in Langstreckenbombern das Instrument zur Durchführung strategischer Luftkriegsführung sah. Wever, der für die Führung der Luftwaffe und die konzeptionelle Luftrüstungsplanung verantwortlich war, arbeitete sehr eng mit dem Technischen Amt unter General Wilhelm Wimmer, der für die Flugzeugentwicklung und -planung verantwortlich war, zusammen. Erhard Milch, Staatssekretär im Reichsluftfahrtministerium, koordinierte in Vertretung von Göring die militärische Strategie und die Luftrüstung.

Wevers verheißungsvolles Wirken endete abrupt am 3. Juni 1936, als er bei einem Absturz mit seiner Heinkel He 70 in Dresden-Klotzsche ums Leben kam. Nachfolger von Wever wurde General Albert Kesselring, der die Auffassung vertrat, ein strategischer Langstreckenbomber sei verzichtbar. Kesselrings Wirken indes blieb eine Episode; bereits im Juni 1937 wurde er durch Generalmajor Hans-Jürgen Stumpf ersetzt, dem Anfang Februar 1939 Hans Jeschonnek folgte.

Drei Tage nach dem Tod Wevers setzte Göring eine für die weitere Entwicklung der Luftwaffe schwerwiegende Personalentscheidung durch: Der fähige General Wimmer wurde im Juni 1936 durch den Göring-Favoriten Ernst Udet ersetzt, der für das Amt

268 Schabel: Illusion, S. 65.

nicht hinreichend qualifiziert war. Diese Personalie sollte sich mit Blick auf den weiteren Aufbau der Luftwaffe als verhängnisvoll erweisen.

Was der Tod Wevers für die Luftwaffe bedeutete, hat der US-Historiker John H. Morrow jr. in folgende unmissverständliche Worte gefasst:

Die Thesen des italienischen Luftkriegstheoretikers Giulio Douhet (1869–1930), der in Langstreckenbombern einen zentralen Bestandteil strategischer Luftkriegsführung sah, beeinflussten Walther Wever stark.

WikiMedia Commons / (gemeinfrei)

> Man muß sich davor hüten, die Bedeutung einzelner Menschen zu hoch oder zu niedrig zu bewerten, jedoch ist klar, daß Wever, Wimmer und Loeb[269] [Löb] tüchtig waren; Udet dagegen war unfähig. Wevers Tod in Verbindung mit dem gleichzeitigen Aufstieg Udets bedeutete eine Katastrophe für die Luftwaffe, da die deutsche Luftfahrtindustrie damit durch die Regierung der Führung beraubt wurde. [...] Die Historiker Edward Homze, R. J. Overy und Williamson Murray haben überzeugend dargelegt, daß diese Katastrophe [...] zur Folge hatte, daß Deutschland den Luftkrieg in den Jahren 1940–1941 verlor, da die Luftwaffe außerstande war, auf den zunehmenden Abnutzungskrieg in der Luft zu reagieren, während die Alliierten totale Mobilisierung betrieben.[270]

Göring sah nach Wevers Tod bezeichnenderweise vor allem die Chance, den Machtbereich Milchs, in dem er mit Blick auf Hitler einen unliebsamen Konkurrenten sah, zunehmend zu beschneiden. Mehr und mehr rückte er sich dabei in den Mittelpunkt aller Entscheidungsfindungsprozesse. Milch gelang es zwar zunächst, eine

---

269 Fritz Löb, Generalmajor der Luftwaffe, wurde am 1. Dezember 1936 als Oberst Leiter des Amtes Rohstoffe und Devisenstoffe und am 1. April 1937 Chef des Amtes für Deutsche Roh- und Werkstoffe im Vierjahresplan. Am 1. Februar 1938 wurde er, als Generalmajor, Leiter der Hauptabteilung I im Reichsluftfahrtministerium und am 1. Februar 1939 Chef des Luftwaffenverwaltungsamtes im Reichsluftfahrtministerium. Ab dem 30. Mai 1940 war er Kommandierender General und Befehlshaber im Luftgau Belgien/Nordfrankreich. Kurze Zeit später verunglückte er tödlich mit einer Junkers Ju 52.

270 John H. Morrow: „Die deutsche Flugzeugindustrie im Ersten und Zweiten Weltkrieg. Ein Vergleich“; in: Horst Boog (Hg.): Luftkriegführung im Zweiten Weltkrieg, Herford u. Bonn 1993, S. 51–80, hier S. 56 f.

Leistungsabschwächung des Technischen Amtes zu verhindern. Sein Einfluss indes endete, als sich Göring das Technische Amt selbst unterstellte. Das hatte auch Auswirkungen auf die Beziehungen zwischen Milch und Udet, die sich zunehmend verschlechterten, auch weil Göring und Udet wichtige Entscheidungen fällten, ohne dass Milch konsultiert wurde. Ernst Stilla kommt in seiner Dissertation zu dem Schluss, dass die für die weitere Entwicklung der Luftwaffe so weitreichenden organisatorischen Veränderungen im Zeitraum von 1936 bis 1939 ein „Musterbeispiel für misslungenes Personalmanagement" seien; sie „verhinderten ein effizientes Arbeiten der Luftwaffenführung".[271]

Dieser Befund muss vor dem Hintergrund einer sich überschlagenden politischen Entwicklung gesehen werden. Nach der Münchener Konferenz 1938 forderte Hitler eine Verfünffachung der Luftwaffe bis 1942, eine wahrhaft gigantische Vision: Die angestrebte Vervielfachung der Luftwaffe ab Oktober 1938 war laut Ralf Schabel

> das größte je in Angriff genommene Rüstungsprojekt der deutschen Militärgeschichte [...]. Es zeigt, daß die These, die Führer des Dritten Reiches hätten nur mit kurzen „Blitzkriegs"-Operationen gerechnet und deshalb die Rüstung nicht hochgefahren, verfehlt ist.[272]

Jeschonnek und Milch präsentierten daraufhin das „Konzentrierte Flugzeugmusterprogramm" (KFM): Wenige Flugzeugtypen sollten in großer Serie gebaut werden. Bis 1. April 1942 sollte die Frontstärke der Luftwaffe auf 20.000 Frontflugzeuge an-

Ernst Udet, ein berühmter Jagdflieger im Ersten Weltkrieg, wurde von Göring am 1. Februar 1939 zum Generalluftzeugmeister ernannt. Diese Personalie sollte sich mit Blick auf die Steuerung der deutschen Luftrüstung verhängnisvoll auswirken.
Bundesarchiv, Bild 146-1984-112-13 (CC BY-SA 3.0)

271 Stilla: Luftwaffe, S. 45.
272 Schabel: Illusion, S. 105.

Der Oberbefehlshaber der Luftwaffe Hermann Göring (Mitte), Generalluftzeugmeister Ernst Udet (li.), der Adjutant Görings Karl Bodenschatz (2. v. li.) und Wilhelm Messerschmitt (rechts) bei einer Besprechung.
WikiMedia Commons / Thiele (gemeinfrei)

gehoben sein, was den Neubau von 30.000–40.000 Flugzeugen aller Art notwendig gemacht hätte.

Der Verwirklichung dieses Zieles stand aber der Z-Plan der Marine[273] entgegen, der zu Beschränkungen bei den Eisen- und Stahlzuteilungen an die Luftwaffe führte. Das gefährdete das KFM. Die Reaktion waren Änderungen im Bereich der Entwicklung. Diese Entscheidung sollte sich als folgenschwer herausstellen. Eine ihrer Konsequenzen bestand nämlich darin, dass die Entwicklungszeiten verkürzt wurden. Damit aber wuchs die Gefahr, dass technische Mängel erst beim Fronteinsatz offensichtlich wurden, womit das Risiko stieg, mit einem unausgereiften Flugzeugmuster die Serienproduktion aufgenommen zu haben.

273 Der Z-Plan (Zielplan) war ein umfassendes Marineaufrüstungsprogramm, das Hitler Ende Januar 1939 per Gesetz in Kraft setzen ließ; es blieb allerdings Stückwerk, da es mit dem Kriegseintritt Großbritanniens am 3. September 1939 storniert wurde.

Hinzu kam, dass „Forscher-Unternehmer“ wie die „Primadonnen“ (John H. Morrow) Messerschmitt oder Heinkel auf Durchsetzung ihrer eigenen Modelle drängten, ohne die Richtlinien des RLM zu beachten. Das führte laut Rolf Wagenführ „zu kleinen Stückzahlen je Serien, unzureichender Lagerhaltung bei den Ersatzteilen“ und „Ausbildungsschwierigkeiten beim fliegenden Personal“[274]. Messerschmitt, Heinkel und andere waren damit in hohem Maße mitverantwortlich für ständig wechselnde Produktionspläne. Weder Göring noch Udet zeigten sich indes in der Lage, diese Fehlentwicklungen zu unterbinden.

Auch das Technische Amt betrieb mit Blick auf die Lieferpläne eine Politik, die keinerlei Verlässlichkeit aufkommen ließ. Ernst Stilla schildert einen besonders drastischen Fall von Missmanagement bei den Henschel-Flugzeugwerken:

> Als die Firma Henschel mit der Lizenzproduktion der Ju 88 beschäftigt war, bekam sie vom Technischen Amt den Produktionsauftrag der Henschel Hs 129. Die fabrikatorischen Vorbereitungen waren über die Hälfte fortgeschritten, als die Order einging, die Produktion auf die Ju 188 umzustellen. Kurz vor Produktionsbeginn wurde die Fertigung der Me 410 befohlen, und als die Produktionsanlagen zu 80 % umgerüstet waren, sollte die Produktion wieder umgestellt werden: diesmal auf die Ju 388, die niemals in Serienproduktion gehen sollte.[275]

Das Ausmaß dieses Fehlmanagements beschrieb Morrow wie folgt:

> Die häufige Änderung von Entscheidungen darüber, ob die Luftwaffe hauptsächlich eine Jagd- oder Bomberwaffe sei sollte, sowie Änderungen der Konstruktion und Ausführung von Flugzeugen verhinderten den Einsatz von Verfahren der Massenproduktion und führten zur Erteilung zusammenhangloser Aufträge an die Industrie. […] Die über einen Zeitraum von 18 Monaten geführte Diskussion zwischen Hitler und Göring einerseits und Milch andererseits um die Frage der Konzentration auf die Herstellung von Bombern oder Jägern führte zur Erteilung und Wiederaufhebung von Produktionsaufträgen.[276]

---

274 Rolf Wagenführ: Die deutsche Industrie im Kriege, 2. Aufl., Berlin 1963, S. 75.
275 Stilla: Luftwaffe, S. 122.
276 Morrow: „Flugzeugindustrie“, S. 57 f.

Über Konsequenzen dieses Hin und Her urteilte der britische Militärhistoriker Richard J. Overy:

> Schwere Fehler oder Fehlbeurteilungen bedeuteten in der Flugzeugproduktion eine Katastrophe, während sie in der Produktion von Handfeuerwaffen und sogar Panzern immer noch tolerierbar waren. Die Flugzeugproduktion war auch der größte Zweig der Kriegswirtschaft, beanspruchte das gesamte Wirtschaftssystem und stellte exorbitante Forderungen an die Arbeiterschaft. Mehr als jede andere Waffe erforderte das Flugzeug ein hohes Maß an Planung, zentraler Führung, sorgfältiger Verteilung der Mittel, kurzum ein wirkungsvolles Managementsystem. Durch enge Zusammenarbeit von Industrie und Staat konnte man hoffen, dies zu erreichen. Und genau dies war der Bereich, in dem die Achsenmächte ein Defizit hatten, mit dem Ergebnis, dass die Probleme auf der Ebene der allgemeinen Steuerung sich durch das gesamte Produktionssystem fortpflanzten und den Effekt hervorriefen, den Willy Messerschmitt als „Planlosigkeit" bezeichnete.[277]

Für einen Waffengang mit Großbritannien war die Luftwaffe 1939 aus diesen Gründen nicht gerüstet, was der Luftwaffenführungsstab der Luftflotte 2 (General Helmuth Felmy) im Mai 1939 in einer Denkschrift frühzeitig deutlich machte. Göring ließ deren Verbreitung untersagen, offenbar, weil er um seinen Ruf fürchtete.[278] Spätestens die verlorene Luftschlacht über England im Sommer 1940 zeigte die Berechtigung der Denkschrift Felmys. Bis dahin wurde die Luftwaffe in der Regel als Heeresunterstützungswaffe eingesetzt, die das Heer bei Widerstand am Boden aus der Luft unterstützte oder die Infrastruktur des Gegners zerstörte.

Die Luftschlacht über England zeigte zum einen, dass die deutschen Jagdflugzeuge des Typs Messerschmitt Bf 109 E eine deutlich zu geringe Reichweite hatten, um die Kampffliegerverbände effektiv schützen zu können; die zweimotorige Messerschmitt Bf 110, die über eine entsprechende Reichweite verfügte, war den britischen Jagdflugzeugen indes unterlegen. Etliche deutsche Kampfflugzeuge gingen aufgrund mangelnder Unterstützung durch deutsche Jagdflugzeuge verloren. Zum anderen wurde unübersehbar, dass die gegnerische Rüstungsindustrie ohne schwere Langstre-

277 Richard J. Overy: „Luftmacht im Zweiten Weltkrieg. Historische Themen und Theorien"; in: Boog (Hg.): Luftkriegführung, S. 23–47, hier S. 40.

278 Stilla: Luftwaffe, S. 68.

ckenbomber nicht gestört oder gar empfindlich getroffen werden konnte. Gravierend ins Gewicht fiel auf deutscher Seite mit Blick auf den Verlauf der Luftschlacht über England aber der Verlust vieler noch im Frieden ausgebildeter Flugzeugführer. Dieser Verlust konnte im weiteren Verlauf des Krieges nie mehr kompensiert werden, zumal die Pilotenausbildung immer stiefmütterlicher behandelt wurde; auch das sollte schwerwiegende Folgen haben.

Es begangen nun Prozesse zu greifen, die der Luftkriegstheoretiker Lothar Schüttel bereits 1938 vorausgesehen hatte:

> Ohne Rohstoffe kann die Luftrüstungsindustrie keine Flugzeuge erstellen, ohne Konstrukteure, Ingenieure und Facharbeiter ist die technisch leistungsfähigste Flugzeugfabrik nicht in der Lage, Kriegsflugzeuge zu bauen, die den Anforderungen der heutigen Luftkriegsbedingungen entsprechen; ohne zahlenmäßig ausreichendes Flugpersonal ist die an Flugzeugen stärkste Luftwaffe totes Material und selbst das beste Material ist wertlos, wenn es nicht von ausgebildeten Besatzungen gemeistert und von erfahrenem Personal gewartet wird. Aber auch die personell und materiell bestausgerüstete Luftwaffe ist bewegungslos, wenn ihr der Betriebsstoff fehlt. [...] Die untrennbare Verbundenheit aller Luftkriegspotentialfaktoren lässt die Schwierigkeiten ahnen, die der Erfüllung aller Voraussetzungen zur Luftkriegsführung entgegenstehen.[279]

Exkurs: Die Me 210 und die He 177 als Musterbeispiele einer verfehlten Entwicklungs- und Industrieführungspolitik

Der erste Generalstabschef der Luftwaffe, Walther Wever, verfolgte den Bau eines Langstreckenbombers, den er „Uralbomber" nannte. Das führte zum Bau der Muster Ju 89 und Do 19, die allerdings über den Bau von Prototypen nicht hinauskamen. Der Nachfolger Wevers, Ernst Udet, entschied dann unter dem Eindruck einer Vorführung der sturzflugfähigen Curtiss „Hawk" in den USA, dass alle deutschen Bombenflugzeuge – und damit auch Langstreckenbomber wie die He 177 – sturzkampftauglich sein sollten. Diese mit Blick auf die Entwicklung von Mittel- und Langstre-

279 Lothar Schüttel: Luftkrieg bedroht Europa, München u. Berlin 1938, S. 82.

ckenbombern eklatante Fehleinschätzung Udets, von der er bis zu seinem Selbstmord am 17. November 1941 nicht abrückte, sollte sich folgenreich auswirken.

Die Forderung nach Sturzkampffähigkeit machte mit Blick auf die He 177 erhebliche Abweichungen vom ursprünglichen Konzept notwendig und führte zu einer kostenintensiven, technisch komplexen und störungsanfälligen Entwicklung, die im November 1939 ihren Erstflug hatte.

Generalleutnant Walther Wever, von 1935 bis zu seinem Tod 1936 erster Chef des Generalstabes der Luftwaffe.

Die Heinkelwerke versuchten, durch die Bündelung von jeweils zwei Motoren in zwei Doppeltriebwerken der Forderung zu entsprechen, was indes zu technischen Schwierigkeiten führte, die in kurzer Zeit nicht zu lösen waren. Bei einigen der Prototypen liefen die Motoren heiß, fingen Feuer und brachten das Flugzeug zum Absturz. Das brachte der He 177 bald Spitznamen wie „Brennender Sarg", „Reichsfackel" oder „Reichsfeuerzeug" ein. Ernst Heinkel pries die He 177 dennoch als fronttauglich an, was zu etlichen Versagern im Einsatz führte. Sein Konstruktionsbüro hingegen zeigte sich nicht in der Lage, diese Probleme zu beheben. Ein Abrücken von der Sturzfähigkeit machte hingegen eine „völlig neue Maschine" notwendig, deren „Verwirklichung" nach Auskunft der Heinkel-Verantwortlichen vier Jahre erfordere. Also blieb man bei der Doppelmotorausführung; die Ingenieure versuchten zu verhindern, dass die Triebwerke während des Fluges im Brand gerieten.[280]

280 Irving: Tragödie, S. 241.

Bezeichnend ist, dass Göring die He 177 überhaupt erst im Mai 1942 in Rechlin sah (der Bomber hatte bereits im November 1939 seinen Erstflug) und dann in Wut über den Doppelmotor geriet. Angeblich habe er Udet von Anfang an gesagt, die Maschine müsse viermotorig sein. Milch entschied dann 1942, die He 177 zu einem viermotorigen Bomber umzubauen, dessen Produktion allerdings erst 1944 anlaufen konnte. Zu diesem Zeitpunkt spielte die Luftwaffe allerdings kaum noch eine Rolle. Die alliierte Luftwaffe dominierte zu diesem Zeitpunkt den Luftraum über Deutschland fast nach Belieben.

Arbeitstagung der führenden Männer der deutschen Rüstung im Oktober 1943, die der Reichsminister für Rüstung und Kriegsproduktion Albert Speer (re.) einberufen hat. Auf einem Flugplatz im Osten beobachten die Teilnehmer hinter Deckungsschutz die Vorführung eines neuentwickelten Kampfmittels. Links Generalfeldmarschall Erhard Milch.

Die Me 210 sollte als Begleitjäger, Zerstörer und Sturzkampfbomber im Frühjahr 1942 an die Luftwaffe ausgeliefert werden. Sie sollte, so Horst Boog, ursprünglich nur eine stark verbesserte Me 110 werden, was den Konstrukteursehrgeiz Messerschmitts aber offensichtlich nicht befriedigte. Er baute eine völlig neue Maschine, die technische Probleme zeigte, die entsprechende Änderungen

Heinkel He 177 „Greif", ca. 1942/43: Gravierende technische Probleme brachten dieser Maschine bald Spitznamen wie „Brennender Sarg", „Reichsfackel" oder „Reichsfeuerzeug" ein. WikiMedia Commons / US Navy (gemeinfrei)

notwendig machten. Im Mai 1941 befahl Udet auf Druck Görings und des Generalstabes dennoch den Serienbeginn. Im Fronteinsatz zeigten die Maschinen die gleichen Defizite wie in der Erprobung, entsprechend groß waren die technisch bedingten Verluste. Gut ein Jahr nach Einführung der Me 210 stoppte Göring die Serienproduktion; Ersatzteile für 1000–2000 Maschinen wurden, so Ernst Stilla, „nutzlos".[281]

Morrow beschrieb die Konsequenzen dieses Vorgehens für die deutsche Luftkriegführung als „verheerend":

> Das vielleicht herausragendste Versäumnis des RLM und der deutschen Flugzeugindustrie lag in der Entwicklung von Flugzeugtypen der zweiten Generation. Der Stand der Dinge im Jahre 1941 war folgender: Die Flugzeuge, die die Hauptlast des Krieges trugen, waren in der Zeit vor Udet vor 1937 entwickelt worden und erst nach Abschluss einer Folge von Entwicklungsphasen für die Serienfertigung freigegeben worden. Zuerst kamen die Konstruktion und der Bau des Prototyps, dann folgten ineinandergreifende Zwischenphasen – Erprobung, Serienreifmachung und Nullserie. Udet versuchte unvernünftigerweise, die Zeit für diese drei letzten Entwicklungsstadien um ein Jahr zu reduzieren und vor Abschluss der Probeflüge mit der Serienfertigung zu beginnen; diese Verstüm-

281 Vgl. Stilla: Luftwaffe, S. 128.

> melung des Entwicklungsprozesses führte wiederholt zu Ausfällen und Produktionsunterbrechungen bei erfolgreichen Flugzeugtypen wie der Me 109, Fw 190 und der Ju 88 sowie bei erfolglosen wie der Me 210 und der He 177. Verschlimmert wurde Udets verfehlte Politik durch Görings Entscheidung der Jahre 1938 und 1939, nur einige wenige Flugzeugtypen für die Serienproduktion auszuwählen, bevor die Entwicklung der Entwürfe so weit gediehen war, daß man ihre Qualitäten beurteilen konnte. [...] Im Falle der Ju 288, der Me 210 und der He 177 [...] sollte sich dieses Verfahren für Deutschland im Zweiten Weltkrieg als verheerend erweisen.[282]

Messerschmitt Me 210: Statt eine stark verbesserte Me 110 in Angriff zu nehmen, baute Messerschmitt eine völlig neue Maschine, die etliche technische Probleme mit sich brachte. Göring musste die Produktion dieses Flugzeugs letztlich einstellen lassen.

Dem Rüstungspotenzial der USA begegnet Göring mit Realitätsverweigerung

Zum Wendepunkt wurde spätestens der Kriegseintritt der USA, der die Luftwaffe in einen Abnutzungskrieg zwang, dem sie sich nicht gewachsen zeigte. Dabei fehlte es nicht an warnenden Stimmen im Hinblick auf das gigantische Rüstungspotenzial der USA. So verfasste zum Beispiel Walter Schellenberg, Leiter des SS-Auslandsgeheimdienstes, einen Bericht, der die Verantwortlichen in Alarmstim-

282 Morrow: „Flugzeugindustrie", S. 74.

mung hätte versetzen müssen. Die Reaktion Görings auf den Verfasser des Berichts ist bezeichnend: „Alles, was Sie da geschrieben haben, ist Quatsch. Sie lassen sich am besten auf Ihren Geisteszustand untersuchen."[283] Göring ließ nach Rücksprache mit Hitler die Verbreitung des Berichts untersagen. Auch Adolf Galland, General der Jagdflieger, berichtete, dass Göring seinen höheren Offizieren verboten habe, über die US-Produktionszahlen zu reden[284].

Schon sehr bald zeigten sich die Konsequenzen dieser Realitätsverweigerung. Mit dem Kriegseintritt der USA geriet das Deutsche Reich in einen sich ständig steigernden Tsunami von Nacht- und Tagangriffen. Ab Mitte 1943 folgten „Rund-um-die-Uhr-Bombardements"; auf die Nachtangriffe der Briten folgten die Tagangriffe durch die Amerikaner. Ende Mai 1942 traf bereits der Tausend-Bomber-Angriff auf Köln die Stadt schwer. 1943 forderten die Angriffe auf Essen und Schweinfurt Tausende ziviler Opfer. Diese Luftangriffe traten allerdings hinter den von RAF und USAAF entfesselten Feuersturm von Hamburg Ende Juli/Anfang August 1943 (Operation „Gomorrha") zurück, dem schätzungsweise 35.000–40.000 Menschen zum Opfer fielen. Es waren die bis dahin schwersten Bombardierungen in der Geschichte des Luftkrieges. Nach dem Angriff auf die Heeresversuchsanstalt Peenemünde am 17. August 1943 verübte Jeschonnek Selbstmord; er sah die Luftwaffe in einer aussichtslosen Situation. In einer Denkschrift hatte er vorher Göring allein für die Misere der Luftwaffe verantwortlich gemacht.

Verteidigung mit allen Mitteln: Die vergebliche Hoffnung auf eine Änderung der Luftkriegslage durch den Strahljäger Me 262

Der Angriff auf Hamburg hatte eine Wende in der Doktrin der Luftwaffe zur Folge. Die Verteidigung sollte nun mit allen Mitteln forciert werden. Ein wesentliches Ziel war die Herstellung technischer Überlegenheit, mit der die Luftwaffe der Herausforderung

283 Walter Schellenberg: Memoiren, Köln 1959, S. 237.
284 Adolf Galland: Die Ersten und die Letzten, Darmstadt 1953, S. 198.

durch die alliierten Bomberflotten begegnen sollte. Hierbei spielten Strahl- und Raketenflugzeuge eine herausgehobene Rolle. Insbesondere Milch und Galland erblickten in der als Jagdflugzeug konzipierten Me 262 eine wesentliche Waffe der Reichsverteidigung. Teile des Generalstabes der Luftwaffe setzten hingegen weiter auf Bomber. Hitler entschied sich Ende November 1943 bei einer Vorführung für die Me 262 als „Blitzbomber". Bis heute hält sich deshalb hartnäckig das Narrativ, dass Hitler der entscheidende Grund dafür gewesen sei, dass dieser Hoffnungsträger nicht rechtzeitig als Jagdflugzeug an die Front kam.

Tatsächlich bejahte Willy Messerschmitt die Frage Hitlers, ob die Me 262 mit Bomben beladen werden könne, und bezog sich bei der besagten Vorführung auf einschlägige Untersuchungen. Hitler stimmte daraufhin der Massenproduktion zu, allerdings unter der Voraussetzung, dass das Flugzeug in erster Linie als Bomber (sogenannter „Blitzbomber") eingesetzt werden solle. Hitler ließ sich nicht mehr umstimmen, was zu einer Konfrontation mit der Luftwaffenführung führte. Generalfeldmarschall Erhard Milch soll angeblich geäußert haben: „Mein Führer, das sieht doch jedes Kind, daß dies kein Bomber, sondern ein Jäger ist!"[285]

Erhard Milch, von November 1941 bis Juli 1944 Generalluftzeugmeister der deutschen Luftwaffe.
WikiMedia Commons / Fischer (gemeinfrei)

Die wirklich ausschlaggebenden Probleme werden hier und auch in der nach dem Krieg weiter intensiv debattierten Schuldfrage um den Einsatz der Me 262 verdeckt. Hitlers Befehl wirkte sich kaum auf die Produktion der Me 262 aus, weil das Triebwerk Jumo 004 B nicht serienreif war. Die Produktion der Triebwerke blieb weit hinter den Planzahlen zurück. Dennoch wird dieses zentrale Argument in der Diskussion um die Me 262 in der Regel ausgeblendet. Dass es sich hier um eine „toten Winkel" auch von Luftfahrthistorikern handelt, hat John H. Morrow

285 Irving: Tragödie, S. 361.

Junkers Jumo 004 A, Vorserienmodell, ausgestellt im Luftfahrt-Museum Laatzen-Hannover. WikiMedia Commons / Stahlkocher (CC BY-SA 3.0)

jr. deutlich gemacht. Er stellte fest, dass die „Produktion von Flugzeugmotoren“ „wahrscheinlich der entscheidendste Faktor in der Luftfahrt“ sei, diesem aber „am wenigsten Beachtung geschenkt“ werde.[286] Ein Blick auf die Entwicklungsgeschichte des Triebwerks Jumo 004 B zeigt, wie zutreffend diese Einschätzung Morrows ist.

Getestet wurde das Triebwerk Jumo 004 A bereits Ende 1940. Im Januar 1941 konnte das Strahltriebwerk erstmals auf vollen Schub beschleunigt werden, ohne dass es zu Problemen kam. Dennoch dauerte es aufgrund technischer Schwierigkeiten, bis es zu einer Erprobung in einem Flugzeug kam. Mitte Juli 1942 kam es dann zum ersten erfolgreichen Einsatz des Triebwerks in einem Prototyp der zweistrahligen Me 262, was seitens des RLM dazu führte, dass dieses Triebwerk als Ausstattung für die Strahlflugzeuge auserkoren wurde. Rohstoffengpässe führten allerdings dazu, dass das Triebwerk umkonstruiert werden musste. Viele Teile wur-

286 Morrow: „Flugzeugindustrie“, S. 59.

Schnittmodell des Junkers-Motors 004 B im US Air Force Museum in Dayton, Ohio. Der Jumo 004 B war das erste serienreife Strahltriebwerk der Welt.

den nun aus Tiefziehblech hergestellt, das zum Schutz vor Verzunderung mit Aluminiumlack beschichtet wurde. Für die Turbinenschaufeln wurde anstelle von Tinidur nun Chromadur ohne Nickel mit Chrom, Mangan und Vanadium verwendet. Nach der vierten Verdichterstufe wurde Kühlluft für das Schubdüsengehäuse abgezweigt; die Luft für die Kühlung der Turbinenleitschaufeln und die hohlen Laufschaufeln zweigte nach der achten Stufe des Verdichters ab. Zur Vermeidung von Schwingungsproblemen mit der Beschaufelung wurde die Höchstdrehzahl des Triebwerks reduziert. Diese Änderungen hatten einen Leistungsverlust zur Folge. Das Gewicht des Jumo 004 B wurde gegenüber der A-Version um etwa 100 kg reduziert. Trotz des aufwendigen Kühlsystems der neuen „Blechturbine" Jumo 004 B war diese ohne „Sparstoffe" den mechanischen und thermischen Belastungen nicht dauerhaft gewachsen und verursachte häufig Probleme durch gerissene Leit- oder Laufradschaufeln.

Die Lebensdauer der Triebwerke hing dabei nicht unerheblich von der Erfahrung des jeweiligen Piloten ab. So führte ein zu schnelles Aufziehen des Leistungsreglers oft zur Überhitzung und Beschädigung der Turbine.

Ernst Stilla zeigt in seiner Dissertation auf, dass der Einsatz der Me 262 auch „nach Erreichung ihrer technischen Reife"[287] Ende 1944 die Erwartungen nicht erfüllt hat: Zwar behinderte die weitgehende Zerstörung der deutschen Treibstoffindustrie Me-262-Verbände weniger als andere Einheiten, „weil deren Triebwerke nur ein minderwertiges, leicht herzustellendes Kraftstoffgemisch benötigten". Die Triebwerkswartung musste allerdings „von besonders ausgebildeten Technikern mit Spezialwerkzeug vorgenommen werden". Die Triebwerke erwiesen sich als sehr beschussempfindlich, was sich sowohl auf Gefechtseinsätze als auch auf die Einsatzbereitschaft auswirkte. Als weiteres Manko kam nach Stilla hinzu, dass die Me 262 „sehr lange, exzellent verarbeitete Betonstartbahnen" benötigte. Diese Startbahnen waren Ziel ständiger Luftangriffe, was immer wieder zu Unfällen führte. Weiter nennt Stilla einen Punkt, der in der Regel kaum Erwähnung findet, nämlich „hohe Verluste aufgrund fliegerischer Unzulänglichkeiten"[288], die zu höheren Verlusten führten als durch feindliche Jäger. Hinzu kam eine Unterlegenheit im Kurvenkampf gegen (langsamere) feindliche Jäger, die diesen Hoffnungsträger im Luftkampf verwundbarer machte als von deutscher Seite erwartet. Und auch mit Blick auf die Hauptfunktion der Me 262, nämlich die Bekämpfung der „fliegenden Festungen", blieb der Strahljäger hinter den Erwartungen zurück. Der Grund hierfür ist vor allem in der konventionellen Bewaffnung zu suchen, die den Piloten zwang, relativ nahe an die alliierten Bomberpulks heranzufliegen. Diese konnten allerdings

287 Stilla: Luftwaffe, S. 166 ff.
288 Ebd., S. 167.

schon aus einer Entfernung von mehr als einem Kilometer das Feuer eröffnen und damit die Strahltriebwerke gefährden. Stilla bringt es wie folgt auf den Punkt: „Entscheidend für ihr Versagen [der Me 262] war, dass lediglich ihre Triebwerke revolutionär waren, während der Rest konventionell blieb."

Messerschmitt Me 262 A, ausgestellt im US Air Force Museum in Dayton, Ohio.
WikiMedia Commons / USAF Museum (gemeinfrei)

Deshalb ist die Feststellung auf US-amerikanischer Seite im Herbst 1944 nicht überraschend, dass nicht die deutschen Strahlflugzeuge eine Bedrohung darstellten, sondern die „Weiterentwicklung und Optimierung konventioneller Kriegsmittel wie verbesserter Munition, neuer Zielgeräte" oder die „Einführung von Abstandszündern".[289]

Erfolg versprechende Waffen, die dem Luftkrieg eine Wende hätten geben können

Diese Schlussfolgerungen bedürfen allerdings einer Richtigstellung. Gegen Ende des Krieges kam die ungelenkte R4/M, genannt „Orkan", zum Einsatz, die erste industriell gefertigte deutsche Luft-Luft-Rakete, die die Einsatzfähigkeit erreichte. Es waren vor

289 Ebd., S. 168.

allem die Jagdflugzeuge Me 262 und Focke-Wulf Fw 190, die mit dieser Waffe ausgerüstet wurden. Die Rakete war für die Bekämpfung der eng gestaffelten Formationen „fliegender Festungen" entwickelt worden, deren Bekämpfung mit Maschinengewehren und Bordkanonen immer schwieriger wurde. Die R4/M wurden unter jeder Tragfläche einer Me 262 entweder in Schienen- oder Rohrrosten angebracht. Häufig wurden zwölf bis 13 Raketen angebracht, 24 Raketen waren möglich.

Der Angriff mit der R4/M erfolgte entgegen dem bis dahin praktizierten Frontalangriff auf feindliche Bomberpulks von hinten. Effektiv machte die Rakete vor allem der große Bereich, den eine Raketensalve abdeckte. Die Bomber hatten aufgrund des engen Formationsfluges kaum eine Chance, auszuweichen. Bereits ein Treffer konnte sich verheerend auswirken.

Am 18. März 1945 wurde die neue Rakete erstmals eingesetzt, als mehr als 1200 Bomber mit 632 Jägern als Begleitschutz Berlin angriffen. Sechs Me 262 des JG 7 feuerten ihre 144 R4/M-Raketen auf den Bomberverband ab und griffen ihn anschließend mit Bordwaffen an. Die Alliierten verloren dabei deutschen Angaben zufolge gut zwei Dutzend Bomber, zwei Me 262 gingen verloren. Die Abschusszahlen zeigen, dass es sich hier um eine überaus effektive Waffe handelte, deren Wert durch den Strahljäger Me 262 noch einmal gesteigert wurde. Auswirkungen auf den Kriegsverlauf hatte die Rakete indes nicht mehr, zu erdrückend war die Luftüberlegenheit der Alliierten.

Es bleibt zu ergänzen, dass auch die Entwicklung gesteuerter Flakraketen im Bereich des Möglichen gelegen hätte, was dem Luftkrieg möglicherweise eine Wendung hätte geben können. So erklärte der US-Luftfahrthistoriker Walter J. Boyne in einer TV-Dokumentation laut „Stern", Deutschland hätte die „Situation nur noch herumreißen können, wenn es sich nicht auf die V2 konzentriert hätte, sondern auf die Entwicklung effektiver Luftabwehrraketen". Doch gerade diese Projekte wurden als eher nachrangig behandelt. Das habe nicht zur „ideologischen Linie" gepasst, so Boyne. „Waffen nur für die Verteidigung wären ein Eingeständnis, dass der Krieg verloren geht."

Die Unzahl der Entwicklungen von Flakraketenprojekten, zu nennen sind hier vor allem die Entwicklungen „Taifun", „Feuer-

Deutsche Boden-Luft-Raketen vom Typ „Taifun“ im RAF-Museum Cosford, Shropshire.

lilie“, „Rheintochter“, „Schmetterling“, „Enzian“ und „Wasserfall“, lässt indes erkennen, dass es auch hier an Koordination und gezielter Entwicklung mangelte. Auch Hitlers Rüstungsminister Albert Speer erkannte später in der Haft, welchen Fehler er gemacht hatte, als er die V2 protegierte, die nur einen Propagandawert besaß. Er gestand ein, dass, wenn alle Raketenressourcen in Projekte wie „Taifun“ und „Wasserfall“ geflossen wären, die Entscheidung einen großen Einfluss auf den Krieg gehabt hätte.

Zu Recht weist der „Stern“-Artikel darauf hin, dass die Flakraketenentwicklung „Taifun“ gerade deshalb am interessantesten gewesen wäre, weil sie vergleichsweise einfach konzipiert war. Damit wuchs die Wahrscheinlichkeit, dass diese Waffe in großen Stückzahlen hergestellt werden könnte. Bei vielen Waffentypen

Ferngelenkte Flugabwehrrakete „Rheintochter 1" auf der Startrampe: Aufgrund anhaltender technischer Schwierigkeiten gelang erst Mitte Dezember 1944 ein erfolgreicher Versuch mit dieser Rakete, die vom Boden aus mit Funkimpulsen gesteuert wurde.

war es angezeigt, weniger auf den großen, genialen Entwurf zu setzen, der in der Regel mit einer aufwendigen Produktion verbunden war, als auf vergleichsweise einfache Waffen mit hoher Vernichtungskraft zu setzen. Die „Taifun" habe, so der „Stern" resümierend, „einer Stalinorgel für die Luftverteidigung" entsprochen. Im Vergleich zu den intelligenten Flakraketen „Wasserfall" und „Rheintochter" war die „Taifun" indes eine „dumme" Waffe; sie konnte nicht ins Ziel gelenkt werden. Die „Taifun" sollte nicht einen einzelnen Bomber gezielt anfliegen, sie wurde auf einem Mehrfachwerfer montiert, der eine Salve von 48 Raketen in den Himmel schoss.

Die „Wasserfall" indes kann als erste moderne Luftabwehrrakete eingestuft werden. Knapp 2 m lang und mit einem Durchmesser von 10 cm erreichte die Rakete eine Geschwindigkeit von 2730 km/h und eine Gipfelhöhe von 15.000 m. 10.000 m Höhe erreichte sie in nur 14 Sekunden; für die Bomberpulks wäre das eine eminent gefährliche Waffe gewesen. Bis Kriegsende konnten aber nur Prototypen gebaut werden. Profitieren konnten letztlich nur die Sieger. Die „Wasserfall" war wegweisend für die Luftabwehrraketen der USA und der UdSSR nach dem Krieg.[290]

Start einer „Wasserfall"-Flugabwehrrakete von der „Startstelle Strand" beim Prüfstand IX in Peenemünde, Herbst 1944.

Auch die Flakraketen scheiterten vor allem an der angesprochenen Verzettelung von Kräften in parallel betriebenen Projekten. Wehrmachtsgeneral Walter Dornberger, im Heereswaffenamt zuständig für das gesamte deutsche Raketenwaffenprogramm, berichtete hierzu SS-General Kammler gegen Ende des Krieges Folgendes:

290 Gernot Kramper: „Flak-Raketen: Die Nazis hätten im Luftkrieg siegen können – doch sie stecken die Ressourcen lieber in die V2", stern.de vom 21. Mai 2021; online unter: stern.de/digital/technik/mit-wasserfall-und-taifun-haetten-die-nazis-im-luftkrieg-siegen-koennen---doch-die-verachteten-die-abwehrraketen-30411884.html (letzter Zugriff: 8. Dezember 2021).

> Wir stellten fest, daß die Entwicklung gesteuerter Flakraketen ungefähr gleicher Leistung gleichzeitig und parallel von vielen Firmen und Dienststellen betrieben wurde. Über ganz Deutschland verteilt, beschäftigten sich jeweils einige wenige Menschen mit teilweise völlig unzureichenden Mitteln mit solchen Aufgaben [...]. Das waren die berühmten „Wunderwaffen" der Regierung, auf die das deutsche Volk in bisher unerschütterter Hoffnung vertrauensselig wartete? Von ihnen waren in den wenigen Monaten, die uns bei der augenblicklichen Kriegslage noch zur Verfügung standen, weder eine Wendung des Krieges noch ein Aufschub der Katastrophe zu erwarten.[291]

Es gilt damit letztlich das, was Schabel resümierend wie folgt auf den Punkt brachte: „Das mittelständische Unternehmen Deutschland" wurde von „drei Großkonzernen", nämlich den USA, Großbritannien und Russland, „hoffnungslos ausproduziert und in die Pleite getrieben".[292] Daran hätte auch die gigantische Vision der „Wunderwaffen", die bestenfalls kurzfristig die Niederlage hätten herauszögern können, nichts geändert.

291 Walter Dornberger: Peenemünde. Die Geschichte der V-Waffen, 6. Aufl., Frankfurt/Main u. Berlin 1995, S. 288.

292 Schabel: Illusion, S. 18.

Danksagungen

Für die freundliche Bereitstellung von Bildmaterial – alle Rechte vorbehalten – danken wir:

Loewe Technologies GmbH
Industriestraße 11
96317 Kronach
Deutschland
loewe.tv

Förderverein Museum Kummersdorf e.V.
Konsumstraße 5
15838 Am Mellensee (Ortsteil Kummersdorf-Gut)
Deutschland
info@museum-kummersdorf.de

Literatur- und Quellenverzeichnis
(in Auswahl)

Literatur

WERNER ABELSHAUSER (HG.): Die BASF. Eine Unternehmensgeschichte. München 2002.

MANFRED VON ARDENNE: Ein glückliches Leben für Technik und Forschung, Berlin 1972.

PETER AUER: Von Dahlem nach Hiroshima. Die Geschichte der Atombombe, Berlin 1995.

JÜRGEN BAUCH: Die Breitband-Fernkabel des Deutschen Reiches 1930 – 1945 – 2017, Bd. 3: Das FK 504 (Berlin–Frankfurt/Main), Norderstedt 2018.

MAVIS BATEY: Dilly. The Man Who Broke Enigmas, London 2009.

ARTHUR O. BAUER: Deckname „Würzburg". Ein Beitrag zur Erhellung des geheimnisumwitterten deutschen Radargeräts 1937–1945, Herten 1999.

HANS JÜRGEN BECKER: Schwere Jäger und Zerstörer der Luftwaffe 1933–1945, Stuttgart 1999.

EVA SUSANNE BRESSLER: Von der Experimentierbühne zum Propagandainstrument. Die Geschichte der Funkausstellung 1924 bis 1939, Köln, Weimar u. Wien 2009.

WALTER DORNBERGER: Peenemünde. Die Geschichte der V-Waffen, 6. Aufl., Frankfurt/Main u. Berlin 1995.

GERHARD ECKERT: Von Nipkow bis Telstar. 80 Jahre Fernsehen in Daten und Zahlen, Frankfurt/Main 1963.

ALBERT EINSTEIN U. ARNOLD SOMMERFELD: Briefwechsel. 60 Briefe aus dem goldenen Zeitalter der modernen Physik, Basel 1968.

HUBERT FAENSEN: Hightech für Hitler, Berlin 2001.

Harald Fäth: 1945 – Thüringens Manhattan Project. Auf der Spurensuche nach der verschollenen V-Waffen-Fabrik in Deutschlands Untergrund, Zella-Mehlis 2000.
Ders.: Geheime Kommandosache – S III Jonastal und die Siegwaffenproduktion. Weitere Spurensuche nach Thüringens Manhattan Project, Rottenburg 2004.
Andreas Fickers: „Politique de la grandeur" versus „Made in Germany". Politische Kulturgeschichte der Technik am Beispiel der PAL-SECAM-Kontroverse, München 2007.
Sören Flachowsky, Rüdiger Hachtmann u. Florian Schmaltz (Hg.): Ressourcenmobilisierung. Wissenschaftspolitik und Forschungspraxis im NS-Herrschaftssystem, Göttingen 2016.
Adolf Galland: Die Ersten und die Letzten, Darmstadt 1953.
Michael Grandt: Unternehmen „Wüste". Hitlers letzte Hoffnung: Das NS-Ölschieferprogramm auf der Schwäbischen Alb, Tübingen 2002.
Manfred Griehl: Deutsche Raketen und Lenkwaffen bis 1945, 2. Aufl., Stuttgart 2015.
Dirk Hackenholz: Die elektrochemischen Werke Bitterfeld 1914–1945. Ein Standort der IG-Farbenindustrie AG, Münster 2004.
Franz Halder: Kriegstagebuch, hg. v. Hans-Adolf Jacobsen, Bd. 1, Stuttgart 1962.
Klaus Hoffmann: Schuld und Verantwortung. Otto Hahn Konflikte eines Wissenschaftlers, Berlin 1987.
Edward L. Homze: Arming the Luftwaffe, Lincoln 1976.
Joseph Hoppe: „Fernsehen als Waffe"; in: Museum für Verkehr und Technik (Hg.): Ich diente nur der Technik. Sieben Karrieren zwischen 1940 und 1950, Berlin 1995.
Stefan Hörner: Profit oder Moral. Strukturen zwischen I.G. Farbenindustrie AG und Nationalsozialismus, Bremen 2012.
Gerd Höschle: Die deutsche Textilindustrie zwischen 1933 und 1939. Staatsinterventionismus und ökonomische Realität, Stuttgart 2004.
David Irving: Die Tragödie der deutschen Luftwaffe, Berlin 1971.
Robert Jungk: Heller als tausend Sonnen. Das Schicksal der Atomforscher, Bern, Stuttgart u. Wien 1956.
Rainer Karlsch: Hitlers Bombe. Die geheime Geschichte der deutschen Kernwaffenversuche, München 2005.

Rainer Karlsch u. Raymond G. Stokes: Faktor Öl. Die Mineralölwirtschaft in Deutschland 1859–1974, München 2003.

Titus Kockel: Deutsche Ölpolitik 1928–1938, Berlin 2019.

Dietrich Leder: „Die Geschichte der Fußballübertragungen im deutschen Fernsehen"; in: Thomas Schierl (Hg.): Die Visualisierung des Sports in den Medien. Bd. 2: Sportkommunikation, 2., leicht überarb. Aufl., Köln 2008.

Johann-Felix Leonhard (Hg.): Medienwissenschaft. Ein Handbuch zur Entwicklung der Medien und Kommunikationsformen, Berlin u. New York 2001.

Ruth Lewin Sime: „Die ‚Uranspaltung' hat die ganze Situation gerettet"; in: Helmut Maier (Hg.): Gemeinschaftsforschung, Bevollmächtigte und der Wissenstransfer. Die Rolle der Kaiser-Wilhelm-Gesellschaft im System kriegsrelevanter Forschung des Nationalsozialismus, Göttingen 2007.

Rudolf Lusar: Die deutschen Waffen und Geheimwaffen des 2. Weltkrieges und ihre Weiterentwicklung, Reprint d. 2. Aufl., Engen 1991.

Helmut Maier: Chemiker im „Dritten Reich". Die deutsche chemische Gesellschaft und der Verein deutscher Chemiker im NS-Herrschaftsapparat, Weinheim 2015.

Ders. (Hg.): Gemeinschaftsforschung, Bevollmächtigte und der Wissenstransfer. Die Rolle der Kaiser-Wilhelm-Gesellschaft im System kriegsrelevanter Forschung des Nationalsozialismus, Göttingen 2007.

Lise Meitner: Erinnerungen an Otto Hahn, Stuttgart 2005.

Alan S. Milward: Die deutsche Kriegswirtschaft 1939–1945, München 1966.

John H. Morrow: „Die deutsche Flugzeugindustrie im Ersten und Zweiten Weltkrieg. Ein Vergleich"; in: Horst Boog (Hg.): Luftkriegführung im Zweiten Weltkrieg, Herford u. Bonn 1993, S. 51–80.

Günter Nagel: Forschung für den Krieg. Die geheimen Arbeiten der Abteilung Forschung des Heereswaffenamtes, Stuttgart 2012.

Richard J. Overy: „Luftmacht im Zweiten Weltkrieg. Historische Themen und Theorien"; in: Boog (Hg.): Luftkriegführung, S. 23–47.

Manfred Popp: „Werner Heisenberg und das deutsche Uranprojekt im ‚Dritten Reich'. Ein neuer Blick auf ein komplexes Kapitel der Wissenschaftsgeschichte"; in: Konrad Kleinknecht (Hg.): Quanten. Schriften der Heisenberg-Gesellschaft 6 (2018), S. 9–68.

Bruce C. Reed: The History and Science of the Manhattan Project, 2. Aufl., Berlin u. Heidelberg 2019.

Frank Reuter: Die Entwicklung und der Einsatz von Radar-Verfahren in Deutschland bis zum Ende des Zweiten Weltkrieges, Opladen 1971.

Ralf Schabel: Illusion der Wunderwaffen, München 1994.

Walter Schellenberg: Memoiren, Köln 1959.

Lothar Schüttel: Luftkrieg bedroht Europa, München u. Berlin 1938.

Fritz Trenkle: Die deutschen Funklenkverfahren bis 1945, Heidelberg 1982.

William Uricchio (Hg.): Die Anfänge des Deutschen Fernsehens. Kritische Annäherungen an die Entwicklung bis 1945, Tübingen 1991.

Richard von Schirach: Die Nacht der Physiker. Heisenberg, Hahn, Weizsäcker und die deutsche Atombombe, 5. Aufl., Berlin 2013.

Klaus Schmeh: Die Welt der geheimen Zeichen. Die faszinierende Geschichte der Verschlüsselung, Hamburg 2010.

Ders.: Codeknacker gegen Codemacher, 2. Aufl., Witten 2008.

Wolfgang-D. Schröer: Lenkkörper und Zielweisungsgeräte der deutschen Luftwaffe. Teil II: Fernsehgestützte Zielweisung von Gleitbomben. Das „Tonne-Seedorf"-System, 2014.

Christopher Schumacher: Forschung, Rüstung und Krieg. Formen, Ausmaß und Grenzen des Wissenschaftlereinsatzes für den Zweiten Weltkrieg im Deutschen Reich, Norderstedt 2005.

Albert Speer: Erinnerungen, Frankfurt/Main, Berlin u. Wien 1969.

Ernst Stilla: Die Luftwaffe im Kampf um die Luftherrschaft. Entscheidende Einflussgrößen bei der Niederlage der Luftwaffe im Abwehrkampf im Westen und über Deutschland im Zweiten Weltkrieg unter besonderer Berücksichtigung der Faktoren

„Luftrüstung“, „Forschung und Entwicklung“ und „Human Ressourcen“, Diss. Universität Bonn, 2005.

Olaf Strauss: Die Kernforschung und Kerntechnologieentwicklung in der DDR 1945–1965. Rahmenbedingungen, Politik der Staatspartei und Umsetzung, Diss. Greifswald 2011.

Karl Tetzner: „Das Fernsehen war keine Blitzerfindung. Der lange Weg von der Idee zur Realität“; in: Rundfunk und Museum. Zeitschrift des Rundfunkmuseums der Stadt Fürth 54/2005.

Rolf Wagenführ: Die deutsche Industrie im Kriege, 2. Aufl., Berlin 1963.

Mark Walker: Eine Waffenschmiede? Kernwaffen- und Reaktorforschung am Kaiser-Wilhelm-Institut für Physik, Berlin 2005.

Ders.: Die Uranmaschine. Mythos und Wirklichkeit der deutschen Atombombe, Berlin 1990.

Klaus Winkler: Fernsehen unterm Hakenkreuz. Organisation, Programm, Personal. Medien in Geschichte und Gegenwart, Bd.1, 2., akt. Aufl., Köln, Weimar u. Wien 1996.

Heiko Zeutschner: Die braune Mattscheibe. Fernsehen im Nationalsozialismus, Hamburg 1995.

Aufsätze, Internetadressen, Videos

Johann Althaus: „Der Enigma-Nachfolger hätte eine echte Wunderwaffe sein können“, welt.de vom 31. Januar 2019; online unter: welt.de/geschichte/zweiter-weltkrieg/article188019229/Wunderwaffen-Warum-der-Enigma-Nachfolger-scheiterte.html (letzter Zugriff: 11. Januar 2021).

Ders.: „Schon die Nazis bauten smarte Bomben“, welt.de vom 5. Februar 2016; online unter: welt.de/geschichte/zweiter-weltkrieg/article151740068/Schon-die-Nazis-bauten-smarte-Bomben.html (letzter Zugriff: 8. Dezember 2021).

Lothar-Günther Buchheim: „Die Wahrheit blieb auf Tauchstation“; in: GEO 10/1981, S. 130–146.

„Freya (Radar)“; siehe weiter: „Die Flugmeldegeräte der FREYA-Familie (Frühwarngeräte)“; online unter: atlantikwall.info/radar/technik/flum.htm (letzter Zugriff: 29. März 2018).

RUDOLF AUST: „Der schwierige Weg zum synthetischen Kautschuk – ein Weg mit Zufällen und Forschungsimpulsen“; in: Mitteilungen der Gesellschaft Deutscher Chemiker / Fachgruppe Geschichte der Chemie 20 (2009), S. 83–97; online unter: gdch.de/fileadmin/downloads/Netzwerk_und_Strukturen/Fachgruppen/Geschichte_der_Chemie/Mitteilungen_Band_20/2009-20-07.pdf (letzter Zugriff: 16. November 2018).

H. BÄHRING ET AL.: „Über die Entwicklung der Fernsehtechnik bei der Fernseh G.m.b.H. 1939–1945“ (1950); online unter: fernsehmuseum.info/fernsehtechnik-bis-1945.html (letzter Zugriff: 28. Januar 2018).

NIELS BOHR ARCHIVE; ONLINE UNTER: archon.nbi.dk/tms/heisenberg/?doc=facs06&page=1 (letzter Zugriff: 5. Dezember 2020).

SABINE BRINKMANN: „Das Dritte Reich und der synthetische Treibstoff“; online unter: kritische-unternehmensgeschichte.de/sites/default/files/Aufsatz_Brinkmann.pdf (letzter Zugriff: 15. August 2021).

DEUTSCHLANDRADIO KULTUR: „Kalender-Blatt, 21. Juni 2004: Die IG-Farben erhält das Patent auf BUNA, synthetischen Kautschuk, vor 75 Jahren“; online unter: dradio.de/dlr/sendungen/kalender/278130/1.11.2018; vgl. auch: deutsches-chemie-museum.de/index.php?id=53 (letzter Zugriff: 2. November 2018).

WOLFGANG DILLENBURGER: „Fernsehen mit 1029 Zeilen“; in: Das Elektron in Wissenschaft und Technik 1/1950; online unter: fernsehmuseum.info/hdtv-analog-mit-1029-zeilen.html (letzter Zugriff: 28. Januar 2019).

SUSANNE DONNER: „Gummi aus Löwenzahn. Von der Kriegsforschung zur neuen Biotechnologie“, faz.net vom 5. August 2008; online unter: faz.net/aktuell/wissen/natur/gummi-aus-loewenzahn-von-der-kriegsforschung-zur-neuen-biotechnologie-1548622.html (letzter Zugriff: 10. Dezember 2018).

ARTIKEL „FERNSEHGESCHICHTE“; ONLINE UNTER: movie-college.com/filmschule/medien/fernsehen/tv-geschichte (letzter Zugriff: 26. Januar 2019).

„DAS FERNSEHEN IN DEUTSCHLAND BIS ZUM JAHRE 1945“; online unter: fernsehmuseum.info/fernsehen-bis-1945-farbe.html (letzter Zugriff: 28. Januar 2019).

Sebastian Feurer: „Einer der ältesten Computer der Welt. Fehlendes Handbuch für Zuse Z4 aufgetaucht", chip.de vom 22. Oktober 2020; online unter: chip.de/news/Einer-der-aeltesten-Computer-der-Welt-Fehlendes-Handbuch-fuer-Zuse-Z4-aufgetaucht_183062927.html (letzter Zugriff: 10. Januar 2021).

Ernst P. Fischer: „Der Philosoph, der die Atombombe liebte", welt.de v. 26. Februar 2012; online unter: welt.de/kultur/history/article106729768/Der-Philosoph-der-die-Atombombe-liebte.html (letzter Zugriff: 26. Dezember 2020).

„Flugerprobungen in Rechlin"; online unter: https://www.luftfahrttechnisches-museum-rechlin.de (letzter Zugriff: 2. Mai 2021).

Siegfried Flügge: „Kann der Energieinhalt der Atomkerne technisch nutzbar gemacht werden?"; in: Die Naturwissenschaften 27 (1939), S. 402–410.

„Geschichte des Radars"; online unter: 100-jahre-radar.fraunhofer.de/index.html?/gdr_5_deutschefunkmesstechnikim2wk.html (letzter Zugriff: 2. April 2018).

Viktor J. Frenkel: Professor Friedrich Houtermans – Arbeit, Leben, Schicksal. Biographie eines Physikers des zwanzigsten Jahrhunderts, Berlin 2011, S. 85; im Netz unter: mpiwg-berlin.mpg.de/sites/default/files/Preprints/P414.pdf (letzter Zugriff: 5. Dezember 2020).

Michael Grüttner u. Sven Knas: „Die Vertreibung von Wissenschaftlern aus den deutschen Universitäten 1933–1945"; in: VfZ 1/2007, S. 123–186.

Otto Hahn u. Fritz Strassmann: „Nachweis der Entstehung aktiver Bariumisotope aus Uran und Thorium durch Neutronenbestrahlung. Nachweis weiterer aktiver Bruchstücke bei der Uranspaltung"; in: Die Naturwissenschaften 27 (1939), S. 89–95.

„Ikonoskop/Fernsehkanone"; online unter: youtu.be/myzbymf-9C2Y (letzter Zugriff: 24. Februar 2019).

David Irving: „So groß wie eine Ananas"; in: Der Spiegel, Ausgaben 23–27/1967.

Rainer Karlsch u. Mark Walker: „New Light on Hitler's Bomb"; in: Physics World 18 (2005), H. 6, S. 15–18.

GERNOT KRAMPER: „Flak-Raketen: Die Nazis hätten im Luftkrieg siegen können – doch sie stecken die Ressourcen lieber in die V2", stern.de vom 21. Mai 2021; online unter: stern.de/digital/technik/mit-wasserfall-und-taifun-haetten-die-nazis-im-luftkrieg-siegen-koennen---doch-die-verachteten-die-abwehrraketen-30411884.html (letzter Zugriff: 8. Dezember 2021).

LISE MEITNER U. OTTO ROBERT FRISCH: „Disintegration of Uranium by Neutrons. A New Type of Nuclear Reaction"; in: Nature 143 (1939), S. 239 f.; online unter: nature.com/articles/143239a0 (letzter Zugriff: 5. Dezember 2020).

MANFRED POPP: Langsame oder schnelle Neutronen? Der Mythos der deutschen Atombombe, Ringvorlesung zum Gedächtnis an Lise Meitner, Freie Universität Berlin, 29. Oktober 2018; online unter: fu-berlin.de/sites/offenerhoersaal/service/archiv/ws-2018-19-lise-meitner-material/Mythos-Atombombe-121218.pdf (letzter Zugriff: 5. Dezember 2020).

DERS.: „Hitlers Atombombe – warum es sie nicht gab"; in: Spektrum – Die Woche 38/2016; online unter: spektrum.de/news/hitlers-atombombe-warum-es-sie-nicht-gab/1423529 (letzter Zugriff: 15. Dezember 2020).

BERNHARD RICHTER U. KATHARINA JUSCHKAT: „Technik kurz erklärt: Die Entwicklung der Zuse Z3"; online unter: konstruktionspraxis.vogel.de/die-entwicklung-der-zuse-z3-a-737292/ (letzter Zugriff: 8. Januar 2022).

MARKUS SCHOLZ: „Augen in Nacht und Sturm – Die Entwicklung der Funkmesstechnik"; online unter: geschichtsspuren.de/artikel/luftverteidigung/64-entwicklung-der-funkmesstechnik.html (letzter Zugriff: 19. Juli 2022).

WOLFGANG G. SCHWANITZ: „Rezension zu: Karlsch, Rainer: Hitlers Bombe. Die geheime Geschichte der deutschen Kernwaffenversuche. München 2005", H-Soz-Kult vom 20. Mai 2005; online unter: hsozkult.de/publicationreview/id/reb-7382 (letzter Zugriff: 15. Dezember 2021).

O. A.: „Schwarze Lippen, grüne Lider"; in: Spiegel Special 8 (1995), S. 62–66; online unter: spiegel.de/spiegel/spiegelspecial/d-9206176.html (letzter Zugriff: 27. Januar 2019).

O. A.: „Gott sei Dank, wir konnten sie nicht bauen"; in: Der Spiegel 28/1967, S. 82.

Arnulf Scriba: „Ersatzprodukte“, dhm.de vom 8. September 2014; online unter: dhm.de/lemo/kapitel/erster-weltkrieg/alltagsleben/ersatzprodukte.html (letzter Zugriff: 14. Dezember 2018).

o. A.: „... und führe uns nicht in Versuchung. Vom gespaltenen Atom zum gespaltenen Gewissen. Die Geschichte einer menschheitsgefährdenden Waffe“; in: Der Spiegel 19/1957, S. 45–53; online unter: magazin.spiegel.de/EpubDelivery/spiegel/pdf/41757414 (letzter Zugriff: 22. November 2020).

Andreas Spinrath: „300 Mann in der guten Stube“, spiegel.de vom 7. April 2015; online unter: spiegel.de/einestages/erste-fernsehstube-in-berlin-1935-300-mann-in-der-guten-stube-a-1026668.html (letzter Zugriff: 5. Februar 2018).

Karl Tetzner: „Das Fernsehen war keine Blitzerfindung. Der lange Weg von der Idee zur Realität“; in: Rundfunk und Museum. Zeitschrift des Rundfunkmuseums der Stadt Fürth 54/2005, S. 16.

Martin Trömel: „Otto Hahn und die Kaiser-Wilhelm-Gesellschaft im Zerrspiegel neuerer Kritik“; online unter: core.ac.uk/download/pdf/14502156.pdf, S. 10 (letzter Zugriff: 15. Dezember 2020).

Petra Truckendanner: „‚Fernsehsender Paris‘. Wehrmachts-TV aus dem Eiffelturm“, spiegel.de vom 3. Dezember 2014; online unter: spiegel.de/einestages/paris-waehrend-der-ns-besatzung-nazi-propaganda-aus-dem-eiffelturm-a-1005998.html (letzter Zugriff: 3. März 2018).

Carl Friedrich von Weizsäcker: „Eine Möglichkeit der Energiegewinnung aus Uran 238“ (17. Juli 1940); online unter: deutsches-museum.de/archiv/archiv-online/geheimdokumente/forschungszentren/wien-heidelberg-strassburg/weizsaecker-energie-aus-u238/ (letzter Zugriff: 5. Dezember 2020).

Christine Wolters: „10. Workshop zur Geschichte der Konzentrationslager. Ein Tagungsbericht“; in: eForum zeitGeschichte 1–2/2003; online unter: eforum-zeitgeschichte.at/set1_2_03a6.html (letzter Abruf: 28. Dezember 2021).

ZDF-History: Krieg der Spinner. Die größten Rüstungsflops der Geschichte; online unter youtu.be/p9tfgd5A2iY (letzter Zugriff: 10. Dezember 2020).

Aus unserem Programm

Helmut Roewer

DIE ROTE KAPELLE UND ANDERE GEHEIMDIENST-MYTHEN

Spionage zwischen Deutschland und Russland im Zweiten Weltkrieg 1941–1945

472 Seiten, S/W-Abbildungen, Hardcover
€ 24,90

ISBN 978-3-902475-85-5

Ein spannendes Buch und ein unentbehrliches Werk zur Geschichte der Spionage im Zweiten Weltkrieg! Nach den Forschungen und Quellenstudien von Roewer müssen einige verbreitete Irrtümer berichtigt werden. So beleuchtet Roewer die unzutreffende Annahme Stalins, dass Hitler im Sommer 1941 (noch) nicht angreifen werde, und untersucht, inwieweit die Kriegführung beider Seiten – der deutschen wie der sowjetischen – durch sowjetische Spionagenetze wie der „Roten Kapelle" wirklich beeinflusst wurde. War die Rolle der Spionageplätze Schweiz und Schweden sowie der dorthin liefernden Agenten aus dem „Führerhauptquartier" tatsächlich kriegsentscheidend?

ARES VERLAG
Graz
www.ares-verlag.com

Aus unserem Programm